KB169682

혼자서도 공부 잘하는 아이로 키우는 최고의 방법

초등
집공부의 힘

혼자서도 공부 잘하는 아이로 키우는 최고의 방법

초등
집공부의 힘

이진혁 지음

"평생 공부 기초 체력, 초등 집공부로 키워라!"

카시오페아
Cassiopeia

우선 가독성이 좋아 책장이 술술 넘어갑니다. 아마도 코로나19로 인해 우리나라의 모든 가정에서 일어났을 법한 일들이 책 속에서 하나하나 이야기되고 있기 때문이겠죠. 학부모들을 위해 초등학교 선생님이 쓴 '슬기로운 학부모 생활' 편으로 코로나19 시대를 살아가는 학부모 지침서랍니다. 그동안 아이의 집공부를 봐주며 기질이 다른 아이를 대할 때마다 엄마로서 자책하는 시간이 많았는데, 이 책을 읽고 나서 우리 아이의 기질에 대해 이해하게 되었고, 새로운 힘을 얻었습니다.

애정이넘치는민지씨 님

이 책을 읽으며 그동안 집공부를 '부모가 선생님 역할까지 다 해내야 하는 아주 힘들고 한없이 어려운 것'이라 여겼던 제 생각이 점차 바뀌었습니다. 집공부 덕분에 아이들의 장단점을 명확히 알게 되었고, 작가님이 알려준 여러 가지 방법을 시도하면서 우리 아이에게 맞는 것을 하나씩 찾게 되었습니다. 온라인 수업 준비부터 학습 외의 육아 팁, 생활 습관, 그리고 초등 공부 큰 그림까지 한눈에 정리할 수 있는 '부모 교과서' 같은 책입니다.

반쪽 님

이 책을 읽으면서 새삼 10살, 8살, 6살 우리 집 딸들이 참 다양한 기질을 갖고 있다는 걸 알게 되었어요. 집공부의 중요함을 이제야 느끼고 반성하게 된 건 덤이고요. 사실 첫째가 3학년이 되어 과목이 늘어난 와중에 온라인 수업을 하게 되어 학습 결손이 생기지는 않을지 걱정이 많았어요. 그래서인지 이 책을 읽으면서 생각이 복잡해지긴 했어요. 하지만 그동안 집공부의 기본을 잡기가 어려웠는데, 이제는 제대로 된 방법을 알았으니 예습과 복습은 물론, 기본 습관까지 올바르게 잡아줄 수 있을 것 같아요.

삼콩맘a 님

코로나19로 인해 학원에 가지 않고 집에서 공부하는 아이들의 부모를 위한 책입니다. 부모는 선생님이 아닌데 항상 가르치려고만 했던 것 같아 아이에게 미안한 마음이 들었고, 그간의 걱정과 근심이 해결되었습니다. 아이들이 공부를 더 즐겁게 할 수 있도록 부모가 이끌어줄 수 있는 지침서를 만나 기쁩니다.

소은주 님

이 책에서 작가님은 솔직하게 자신이 겪는 집공부 현실을 보여줘 아이를 키우는 독자 스스로 어려움이나 실수를 돌아보게 합니다. 초등 교사이자 독자인 저는 속이 후련했습니다. 교사로서 학부모님에게 상담으로 전하고 싶었던 내용이 이 책에 모두 담겨 있기 때문입니다. 이 책의 한 문장 한 문장을 되새겨서 저 또한 감정을 내려놓고 세 자매에게 실질적인 멘토가 될 수 있도록 집공부 선생님 자격을 얻어야겠습니다.

세자매맘백쌤 님

코로나19로 장기간 아이와 집공부를 하는 부모로서 이제는 한계다 싶은 상황이었습니다. 아이도 스트레스를 받는 게 느껴져 고민하던 시기에 이 책을 보니 모두 비슷한 상황이라는 사실에 많은 위안을 받았습니다. 그리고 부모의 일이 단순 양육만이 아닌 사회로 나갈 아이에게 필요한 많은 도구를 장착시키는 필연적인 과정이라고 이야기해줘서 매일의 힘듦이 조금은 더 보람되게 느껴졌습니다. 또한 실생활에 바로 적용 가능한 집공부 팁이 있어서 유용했습니다.

독박대장 님

부록으로 교육 과정까지 친절하게 알려주는 센스! 학습 체계라는 거시적인 흐름 속에서 우리 아이가 어디쯤 위치하며, 어느 방향으로 가는지 알고 있다면 부모에게 큰 힘이 되리라 생각합니다. 학력 격차를 줄이기 위한 현직 선생님의 학년별·과목별 세세한 학습 지도 방법도 많은 도움이 되었습니다. 가정마다 집공부를 실천하는 방식에서 차이는 있겠지만, 이 책은 아이가 자기 주도 학습의 토대를 마련하는 데 조력자 역할을 할 부모에게 좋은 지침서가 될 것입니다.

리딩메이트 김미소 님

집공부를 시키는 부모는 옆에서 지켜보고 거들어줄 뿐이지 선생님이 아니란 걸 알게 해준 고마운 책입니다. 집공부에 대한 기초부터 상세한 방법까지 옆에서 하나하나 짚어주고 바로 실천할 수 있게 해줬습니다. 덕분에 아침부터 시작되는 아이와의 집공부를 편하게 힘 빼지 않고 할 수 있게 되었습니다. 아이와의 행복한 집공부 시간을 만들어주셔서 감사합니다.

변기용수필성48 님

이 책은 아이와의 좋은 관계 맺기와 체계적인 학습 계획 수립, 아이한테 동기를 부여하는 방법, 그리고 엄마는 선생님이 아닌 코치로서 초등 시기에는 아이 옆에서 지켜봐주고 응원해주는 존재라는 걸 저에게 명확히 설명해줬습니다. 이 책에서 말하는 집공부의 힘이란 미래에 아이 스스로 자립할 때 필요한 기본 세우기가 아닐까 싶습니다.

내가바라는 세상속 님

이 책은 모든 부모들이 걱정하고 고민하는 공부 기초 체력, 주도성, 의욕, 효율성 그리고 정말 중요한 아이와의 관계를 위한 방향을 제시해주고 있습니다. 학습 환경을 준비하고 체계적으로 정리하기 위해 작가님이 제시한 팁은 특히 큰 도움이 되었습니다.

도로시 1004 님

예기치 못한 코로나19, 온라인 학습이라는 새로운 교육 방식으로 혼란스러운 학부모에게 지금의 현실과 맞닿은 이 책은 따뜻하게 가슴에 와닿습니다. 학습 방법뿐만 아니라 부모와 아이 간의 정서적인 힘을 집공부라는 울타리 안에서 다루는 작가님의 이야기. 방향을 잃기 쉬운 지금 시기에 현실과 맞닿은 내용과 학부모로서의 고민을 아낌없이 안내해주는, 초등 부모라면 누구나 공감할 내용으로 가득한 책입니다.

연년생 아들맘 님

엄마의 것, 학원의 것이었던 공부가 '아이의 것'임을 절실하게 깨닫게 해주는 책이자 추상적인 이상이었던 자기 주도 학습이 아닌, 실제적이며 구체적인 '집공부'에 대한 지침서였습니다. 코로나19로 아이의 민낯을 보게 된 지금, 우리 아이와 함께 다시 한번 시작하고 싶습니다.

teresahee 님

작가님이 굉장히 세밀하게 (준비물까지도) 온라인 수업을 지도하는 방법을 안내해줘서 이대로만 따라가면 학습 결손을 걱정하지 않아도 되리라 생각합니다. 그동안 아이를 공부시켜야겠다는 생각에 막무가내로 밀어붙이기만 했는데, 부모 마음까지 챙길 수 있는 내용을 알려줘서 많은 도움이 되었습니다. 어떤 사교육보다도 부모와 아이가 한마음 한뜻으로 집공부를 하면 공부 습관 잡기에 많은 도움이 되리라 생각합니다.

씨엔슈 님

전공에 따라 교육학적으로 아이에게 접근해서 이해하려고 노력했지만, 학부모는 처음이라 그런지 집에서 아이의 공부를 관리하는 게 쉽지만은 않았습니다. 그러던 중 이 책을 보게 되었고, 그때부터 조금씩 답답함이 뚫리고 '이렇게 해볼 수 있겠구나!' 하는 생각이 들었습니다.

하하하 님

공부 기초 체력을 키우는 최선의 길,
'집공부'

"왜 꼭 그래야만 하는데요?"

수학 공부를 봐주다가 아이가 대뜸 하는 한마디에 어안이 벙벙해집니다. 복잡한 수학 문제를 암산으로 풀다가 틀려버린 아이, 복잡한 문제는 옆에 식을 써가면서 하라고 이미 여러 번 일러줬어요. 간단한 계산이야 암산으로 한다지만 복잡한 계산은 따로 써놓지 않으면 무엇 때문에 맞고 틀렸는지 확인할 수 없으니까요. 아이는 귀찮은 나머지 암산을 했고, 틀리고 난 후에 "계산식을 써놓았어야지"라는 한마디에 울컥해서 짜증을 내더군요.

집에서 아이의 공부를 봐주는 일은 절대 쉽지 않습니다. 학교에서 선생님 말씀을 잘 듣는 아이라 해도 집에서 공부를 가르치는 부모의 말에는 고분고분하지 않으니까요. 게다가 가르치는 일에 감정이 섞여버리는 탓에 부글부글하는 마음이 들 때도 있습니다. 오죽하면 사람들이 그런 말을 할까요? 아이 공부를 봐주는 일은 '친자 확인'을 하는 일(!)이라고 말이지요. 공부를 봐주면서 열이 받는다면 내 자식이 틀림없다는 증거니까요.

한 번에 이해했으면 좋겠고, 잘했으면 좋겠고, 이왕이면 뛰어났으면 좋겠는 부모 마음. 하지만 그저 노는 게 제일 좋은 아이 마음. 공부해야 하는 의무와 마음껏 놀고 싶은 권리는 서로 대립할 수밖에 없습니다. 학교에서는 그나마 엄마 아빠가 아니라 선생님과 함께하니까, 또 친구들도 다 같이하니까 분위기에 휩쓸려 공부를 합니다. 하지만 집에서는 공부를 봐주는 사람이 세상에서 제일 편한 엄마 아빠라는 사실이 함정이지요. 아이의 집공부를 봐주는 일이 어려운 건 누구나 다 마찬가지입니다. 설령 직업이 교사라도 집에서는 엄마 아빠일 수밖에 없으니까요.

문제는 코로나바이러스감염증-19(아래 '코로나19')로 인해 집공부의 강도가 더욱 세졌다는 사실입니다. 예전에는 아이가 학교에서 새로운 내용을 배우고 돌아오면 복습 정도만 함께해도 그걸로 집공부는 끝이었어요. 그런데 코로나19가 가져온 온라인 수업의 확대 때문에 하나부터 열까지 부모의 손길이 필요하게 되었습니다. 집공부의 범위와 세기가 어느 때보다 커지면서, 아이를 학교에 보내는, 특히 초등학교에 보내는 부모는 힘든 시간을 맞이하게 되었지요.

'온라인 수업'이라는 위기에서 '집공부'라는 기회로

부모에게는 굉장히 힘든 일이지만 한편으로는 다행인지도 몰라요. 집공부를 통해 아이의 자기 주도 학습 상황을 점검하고 습관을 재정비할 수 있으니까요. 비가 몹시 들이치던 장마철에 실수로 베란다 문을 열어놓은 적이 있었습니다. 바닥에 물이 가득 차서 어쩔 수 없이 베란다 청소를 해야만 했는데, 비로소 그때 켜켜이 쌓아뒀던 짐을 정리하고 쓸데없는 물건을 다 버릴 수 있었어요. 그랬더니 베란다가 이전보다 훨씬 깨끗하게 변하더군요. 치울 때는 힘들었지만 다 정리를 하고 나서는 '베란다 문을 열어놓은 게 어쩌면 잘한 일인지도 모르겠네' 하는 생각이 들었습니다.

예기치 않은 상황으로 집공부가 수면 위로 부상하게 된 이 시기, 오히려 우리에게는 엄청난 기회가 찾아온 것인지도 모릅니다. 집에서 아이의 공부를 봐주다 보니, 아이가 공부할 때 무엇이 문제인지, 무엇을 극복해야 하는지가 자연스럽게 보이더군요. 이를테면 집중하는 시간이 짧다든지, 공부하는 중에 이것저것 참견을 한다든지 하는 '태도'의 문제부터, 어떤 내용을 특히 이해하지 못하는지, 그럴 때 그냥 넘기는지, 아니면 끝까지 파고드는지 하는 '성향'의 문제까지, 그리고 자기 주도 학습에 필요한 습관을 갖췄는지, 아니면 그냥 되는 대로 공부하는지 등 아이의 공부와 관련된 여러 가지 상황을 관찰하고 파악할 수 있게 되었지요. 우리가 위기를 기회로 삼을 수 있다면, 이 상황을 통해 아이에게 앞으로 중고등학생이 되어서도 흔들림 없이 자기 주도 학습을 해나가는 힘을 길러줄 수 있겠다는 생각이 들었습니다.

누구나 겪는 상황이지만 어떤 사람은 기회로 삼고, 어떤 사람은 주저앉기도 합니다. 고민의 크기에 따라, 행동의 실천 여부에 따라 위기는 종종 기회가 되기도 하지요. 우리가 상황을 극복하고자 하는 의지를 다진다면 어려운 시기는 아이들에게 충분히 기회로 작용할 수 있습니다. 이 책을 쓰게 된 이유는 그런 고민의 시간에 조금이나마 도움이 되고 싶어서입니다. 집공부를 통해 아이 공부의 어떤 점을 파악해야 하는지, 그래서 아이를 자기 주도 학습으로 이끌려면 어떤 노력을 기울여야 하는지 함께 고민해보기 위해서지요.

혼자서도 공부 잘하는 아이로 키우는 최고의 방법

학급을 담임하다 보면 눈에 띄는 아이들이 보입니다. 시간 관리를 철저하게 하면서 자기 할 일을 열심히 해내는 아이들을 만나게 되지요. 그런 아이들은 공부면 공부, 놀이면 놀이, 무엇을 하든 집중하면서 의욕을 뿜어냅니다. 친구들과 똑같이 시간을 보내는데도 몇 배로 즐겁게, 몇 배로 열심히 하는 아이들이지요. 그런 아이들을 볼 때마다 '내 아이도 저렇게 스스로 뭔가를 알아서 했으면 좋겠다'라는 생각을 하곤 합니다.

알아서 공부를 잘하는 아이들의 공통점은 '공부 기초 체력'이 좋다는 것입니다. 운동도 기초 체력이 좋아야 잘할 수 있듯이 공부도 공부 기초 체력이 좋아야 잘할 수 있지요. 기초 체력이 좋은 아이들은 줄넘기, 달리기, 뜀틀 등 기본 운동부터 축구, 농구, 수영 등 심화 운동까지 배우는 대로 잘 따라갑니다. 공부도 마찬가지예요. 공부 기초 체력이 좋은 아이들은 환경이 바뀐다고 해서, 학년이 올라간다고 해서, 갑자기 새로운 내용을 배운다고 해서 성적이 금방 떨어지거나 공부에 흥미를 잃지 않습니다.

공부 기초 체력을 키우려면 여러 가지 힘이 필요합니다. 텍스트를 이해하고 통찰하는 문해력, '나는 해낼 수 있다'라는 자기 효능감으로 과업에 의욕적으로 도전하는 태도, 일상에서 반복적으로 공부하는 루틴, 공부에 몰입하는 집중력, 게임이나 스마트폰에 시간을 빼앗기지 않는 시간 관리 능력, 스스로 공부하는 자기 주도 학습 능력까지, 이처럼 여러 가지 힘이 뒷받침되어야 공부 기초 체력을 키울 수 있어요. 그렇기 때문에 학교나 학원보다도 집에서 특히 더 공부 기초 체력에 관심을 기울이고 키워줘야 합니다.

문제는 아이의 공부 기초 체력을 키우는 과정이 그리 순탄하지 않다는 거예요. 그 과정에서 부모와 아이 사이는 필연적으로 갈등이 일어날 수밖에 없고요. 처음에 이야기했듯이 놀고만 싶은 아이의 마음과 공부 기초 체력을 키워주고 싶은 부모의 마음은 상극이니까요. 그래서 부모가 아이를 공부하게 하려면 서로의 관계를 잘 유지하기 위한 고민도 필요합니다.

- 어떻게 해야 자기 일을 주도적으로 하게끔 도와줄 수 있을까?
- 어떻게 해야 공부에 의욕을 불러일으킬 수 있을까?
- 어떻게 해야 효율적으로 공부하도록 안내할 수 있을까?
- 어떻게 해야 집공부를 하면서 아이와의 관계를 잘 유지할 수 있을까?

아이의 공부 기초 체력을 키워주기 위한 4가지 질문에서 이 책은 시작되었습니다. 아이의 집공부를 봐주며 고민하고 흔들리면서도, 끊임없이 질문에 답했던 시간이 이 책 속에 담겨 있습니다. 지난 5년 동안 두 아들의 집공부를 봐줬던 시간과 교직 생활을 하면서 많은 아이들을 가르쳤던 순간을 되새김질하며 이 책을 집필했습니다. 미처 고민하지 못했던 상황들도 다시 곱씹으며 '더 편하고 효율적인 방법은 무엇이었을까?'를 생각했습니다. 교직 생활과 집공부를 이어나갔던 시간과 그에 따른 고민들을 모두 이 책에 담고자 노력했습니다. 집공부를 처음 시작하는 초등학교 학부모들이 시행착오를 줄이고 조금 더 편안한 마음으로 집공부를 할 수 있기를 염원하는 마음으로 말이지요.

어쩌면 힘든 시간이 될 수도 있지만, 집공부를 통해 여러분의 아이가 자기 주도 학습을 하는 아이, 자신의 시간을 소중히 여기면서 의욕이 넘치는 아이, 그래서 인생을 즐기며 행복함을 느끼는 아이로 자랐으면 하는 바람입니다. 이 책이 여러분의 그러한 바람을 이루는 데 도움이 되었으면 합니다.

••• 한눈에 보는 책 •••

집공부가 무엇인지 그 의미와 중요성, 아이의 집공부를 봐주는 부모의 태도와 마음가짐, 그리고 체계적인 방법을 이 책에 담았습니다. 한마디로 이 책은 '아이의 집공부를 봐주는 부모를 위한 친절한 안내서'입니다. 집공부 기본기부터 학년별·과목별 집공부 방법은 물론, 부모가 집에서 아이를 가르치며 마주할 수 있는 여러 가지 상황에 대한 대응법을 한눈에 알아볼 수 있도록 구성했습니다.

Chapter 01 ------ 초등 집공부가 중요한 이유

코로나19를 기점으로 의미가 바뀌고 중요성이 한껏 부각된 집공부. 온라인 수업부터 복습까지 넓은 범위를 포괄하는 집공부는 공부 동기와 태도에 따라 결과가 달라집니다. 아이의 공부 동기를 만들고 긍정적인 공부 정서를 길러주기 위한 방법을 알아봅니다.

Chapter 02

초등 집공부 기본기 기르기

아이의 집공부를 제대로 봐주려면 누구보다 노련한 부모가 되어야 합니다. 그러기 위해서는 기본기가 탄탄해야겠지요. 부모가 어떤 마음가짐으로 집공부에 임해야 하는지부터 준비물, 체크 리스트 등 기능적인 디테일까지 반드시 알고 넘어가야 기본적인 것들을 살펴봅니다.

Chapter 03

초등 학년별 집공부 방법

아이들은 학년마다 배우는 내용이 다릅니다. 그에 따라 당연히 학년별로 부모가 집공부를 봐주면서 고민해야 하는 포인트도 달라지지요. 초등 학년별로 배우는 핵심 내용과 실제로 부모가 아이의 집공부를 봐줄 때 어디에 중점을 둬야 하는지를 짚어봅니다.

Chapter 04

초등 과목별 집공부 방법

과목별로 아이의 공부를 봐줄 때 확실하게 알아야 할 것들이 있습니다. 부모 세대가 공부했을 때와는 내용이나 용어 등이 많이 달라졌거든요. 그리고 똑같이 공부하더라도 과목별로 신경 써야 할 포인트가 다르지요. 집공부를 봐줄 때 과목별로 꼭 확인해야 할 것들을 알아봅니다.

Chapter 05

초등 집공부와 생활 습관

공부만큼이나 생활 습관 역시 중요합니다. 공부하겠다고 마음먹었는데 바로 옆에 스마트폰이 있다면 아무리 책상 앞에 있더라도 공부는 잘되지 않지요. 공부 습관을 잡기에 앞서 생활 습관이 제대로 자리 잡아야 하는 이유입니다. 집공부의 출발선인 생활 습관을 어떻게 잡아줄지 파악해봅니다.

Chapter 06

초등 집공부와 부모 마음 챙기기

부모가 열심히 아이의 공부를 봐줬는데 관계가 악화된다면 그만큼 슬픈 일도 없겠지요. 그런데 실제로 대다수의 부모들이 아이의 공부를 봐주다가 화가 나기도 하고 지치기도 합니다. 어쩌면 집공부의 아킬레스건은 관계가 아닐까 싶을 정도로요. 부모와 아이가 집공부를 함께하면서도 좋은 관계를 유지할 수 있도록 부모 마음 챙기는 방법을 살펴봅니다.

CONTENTS

CHAPTER 01

초등 집공부가 중요한 이유

CHAPTER 02

초등 집공부 기본기 기르기

CHAPTER 03

초등 학년별 집공부 방법

코로나19로 인해 집공부는 많이 바뀌었습니다. 예전에는 학교에서 공부하고 복습을 하는 것이 집공부의 전부였지만, 이제는 온라인 수업부터 아이들이 집에서 해야 하는 공부의 범위가 넓어졌지요. 똑같은 시간을 책상 앞에 앉아 있더라도 공부 동기, 자기 주도 학습 태도, 몰입도에 따라 공부 효율은 크게 달라집니다. 첫 챕터에서는 집공부의 효율을 높이기 위해 부모가 반드시 고민해봐야 할 것들을 알아봅니다.

초등 집공부가
중요한 이유

불만족스러운
온라인 수업

2020년 1월 19일, 우리나라에 코로나19 첫 확진자가 생긴 이후로 정말 많은 것들이 바뀌었습니다. 처음에는 2002년의 사스(중증급성호흡기증후군), 2009년의 신종 플루(신종 인플루엔자), 2015년의 메르스(중동호흡기증후군)처럼 불안하긴 했지만 지금까지 그랬듯 그냥 지나가는 줄 알았어요. 심각한 전염병들이 창궐했어도 학교가 휴업까지 한 전례는 없었거든요. 그래서 더욱 대비가 부족했는지도 모르겠습니다. '3월 2일 정도면 괜찮아지겠지…….' 모두가 이렇게 생각할 때 교육부에서도 같은 판단을 내렸지요. 그러던 중 대구에서 집단 감염이 발발하면서 양상이 크게 달라졌습니다. 기하급수적으로 늘어나는 확진자 수, 코로나19의 확산은 우리나라의 모든 사람들을 공포에 떨게 만들었고, 결국 2월 23일 교육부에서는 1차 개학 연기를 발표하게 되었지요. 그 이후로도 수차례에 걸쳐 개학은 연기되었고, 지역별로 등교 수업과 온라인 수업을 병행하며 지금의 상황에까지 이르렀습니다.

📖 갑작스럽고 답답한 시작

온라인 수업, 학부모 입장에서는 정말 답이 보이지 않습니다. 저도 학교에서는 교사지만 집에서는 아빠인지라 퇴근을 하고 매일 아이의 공부를 봐줄 수밖에 없었거든요. 사실 퇴근길은 편안하고 즐거워야 하는데, 아이가 낮에 온라인 수업을 제대로 했는지 봐줄 생각을 하는 것만으로도 다시 출근하는 기분이 들더군요. 맞벌이인지라 낮에는 불가능해서 항상 밤에 아이들이 온라인 수업을 제대로 받았는지 검사했습니다. 문제는 제대로 하지 않은 부분이 너무 많아서 처음부터 다시 시작해야 한다는 것이었지요. 보통 저녁 7시부터 온라인 수업을 시작해 밤 11시가 다 되어서야 끝나는 일과. 그마저도 미술 수업이 있는 날에는 거의 자정까지 온라인 수업과 씨름해야만 했습니다.

그래도 나름대로 열심히 한다고 생각했습니다. 하지만 아이들의 담임 선생님에게 온라인 수업과 관련된 전화를 받고 나서부터는 '어떻게 해야 하지?'라는 생각이 들더군요. 나름대로 열심히 했는데, 선생님이 안내한 활동 중에 빼먹고 하지 않은 것이 있다고 했습니다. 매일 해야 할 것들을 하나하나 제대로 해야 하는데, 그중에서 한두 가지씩 빼먹게 되면 그게 쌓이고 쌓여 나중에는 큰 차이가 날 수밖에 없다는 담임 선생님의 걱정에 정신이 번쩍 들었습니다. 이렇게 아이의 공부를 전적으로 봐준 일이 처음이다 보니 학부모로서 어느 정도의 시행착오는 겪을 수밖에 없더군요. 그동안은 매일 학교에서 배운 내용을 복습하는 정도로만 아이의 공부를 봐줬는데, 코로나19를 기점으로 처음부터 끝까지 모두 봐줘야 하는 상황이 되어 답답한 마음이 드는 것도 사실이었지요. 심지어 직업이 교사인데도 말이에요.

갑작스럽고 답답하게 시작된 온라인 수업이지만 사실 교육의 형식이 크게 달라질 것이라는 사실은 이미 많은 교육 전문가들이 예견해왔습니다. 무엇보다 유튜브라는 거대한 플랫폼으로 인해 교육 콘텐츠가 확장되었지요. 코로나19 백신이 개발되어 온라인 수업이 예전처럼 등교 수업으로 전면 전환된다고 해도 학교 현장에서 온라인 수업의 병행은 이제 거스를 수 없는 시대적 조류가 된 것 같아요. 앞서 언급한 사스, 신종 플루, 메르스뿐만 아니라 또 다른 전염병이 창궐할 가능성을 무시할 수 없고, 미세먼지와 태풍 등 자연환경 및 기후의 불확실성이 커지는 이때, 등교 수업과 온라인 수업이 병행될 가능성은 앞으로도 충분합니다. 2020년 상반기에는 우리가 이러한 변화를 모르고 당해 허둥지둥했지만, 어쩌면 지금은 과거와 미래가 교차하는 혼란의 시기일지도 몰라요. 그래서 이 시기를 어떻게 보내느냐에 따라 아이의 미래 또한 달라질 것입니다.

📖 비대면 수업이라는 한계

온라인 수업이 유독 불만족스러운 이유, 바로 '비대면'이라는 특성 때문입니다. 학교는 수업뿐만 아니라 아이들이 또래들과 함께 활동하고 사회성을 학습하는 곳이에요. 그러다 보니 공부도 집에서보다는 학교에서 더 열심히 하는 경향을 보입니다. 친구들과 함께 있는 공간인 교실에서, 엄마 아빠가 아닌 선생님과 함께 분위기에 휩쓸려 공부하게 되니까요. 코로나19 이전에는 아이가 학교에 가면 집에 돌아올 때까지 부모의 손을 거의 필요로 하지 않았습니다. 하지만 온라인 수업은 하나부터 열까지 부모의 역할이 필요하지요. 이 지점에서 부모는 힘에 부치게 됩니다.

코로나19 이전까지만 해도 집공부에서 부모의 역할은 복습을 함께하는 정도였습니다. 상당히 제한적이었지요. 물론 복습을 하나하나 봐주는 것도 보통 일은 아니지만요. 하지만 이제는 학교 진도의 시작부터 끝까지 부모가 제대로 했는지 일일이 확인을 해야만 하는 상황이 되어버렸습니다. 복습이라는 작은 업무에서 전체 학습이라는 큰 업무가 맡겨진 셈이나 다름없는 상황. 업무량이 많아진 만큼 부모의 육체적·정신적 부담 또한 가중되었습니다.

학교가 얼마나 많은 일을 했는지 온라인 수업을 통해서 새삼 깨닫게 됩니다. 그동안 학교에서 기능했던 것들이 마비되니 보이더군요. 아이들이 가정에서 나와 의미 있는 일을 하며 시간을 보낼 수 있는 든든한 장소, 친구들과 어울리며 사회성을 기르는 곳, 그날그날의 학습을 소화하고 근면성을 기르는 현장, 갈등을 겪고 해결하며 인성을 기르는 터전… 너무나 당연했기에 그냥 스치고 지나쳤던 의미를 뒤늦게야 알게 되었지요.

아이들도 이러한 학교의 의미를 느끼나 봅니다. 그동안 학교에 가기 싫다고 했던 아이들도 이제는 학교에 가고 싶다고 하니까요. 하루 종일 마스크를 쓴 채 공부하고, 친구들과 제대로 뛰어놀 수 없어도 학교가 좋은가 봐요. 심지어 집에서 '학교 놀이'를 하는 아이들도 있습니다. 학교 놀이가 뭐냐고요? 학교에서처럼 마스크를 쓰고 활동을 하는 거예요. 웃픈 현실이지만, 아이들이 그만큼 학교를 좋아하고 의미 있게 여긴다는 방증이기도 하지요. 코로나19가 언제쯤 완전히 끝날지는 모르겠지만,

예전처럼 학교가 기능한다면 부모가 느끼는 수고로움도 한결 덜어낼 수 있지 않을까 싶습니다.

📖 턱없이 제한적인 피드백

수업을 하면서 제일 중요한 것은 무엇일까요? 바로 '피드백'입니다. 아이들과 공부를 함께하면서 개념을 확실하게 이해했는지, 그래서 배움이 일어났는지 확인하는 과정은 꼭 필요하니까요. 평소처럼 등교 수업이었다면 그런 과정을 학교에서 충분히 제공했을 거예요. 수업 시간마다 항상 해왔던 일이고, 없어서는 안 되는 과정이기 때문이지요. 하지만 온라인 수업에서는 피드백이 굉장히 제한적일 수밖에 없습니다. 실시간 화상 연결로 진행되는 쌍방향 수업, 동영상 수업 내용을 온라인으로 제공하는 콘텐츠 제시형 수업, 아이들이 충분히 학습할 수 있도록 과제를 내는 과제 제시형 수업. 3가지 방법 모두 피드백은 제한적으로 이뤄집니다. 그나마 쌍방향 수업이 나머지 두 방법보다는 피드백할 수 있는 환경이 조금 나을 뿐이지요. 하지만 쌍방향 수업도 대면 수업을 할 때만큼 즉각적이고 효율적인 피드백을 기대하기는 어렵습니다. 사실 온라인으로 이뤄지는 피드백은 대면 수업만큼 만족스럽지 않습니다. 반면, 가정에서 부모가 아이의 집공부를 봐주며 부족한 부분을 채워주는 것은 부모가 조금만 더 신경을 쓰면 충분히 가능한 일이지요.

앞으로 온라인 수업의 방법에 대해서도 많은 개선이 이뤄져야겠지만, 피드백 방법 또한 많이 고민해봐야 합니다. 그래야 학습 결손이 이어져 학력 격차가 생기는 것을 최대한 예방할 수 있거든요. 온라인 수업 외에 비대면 쌍방향 접촉을 통해서 피드백을 주는 방법, 혹은 조심스럽기는 하지만 학습 결손이 심한 아이들을 학교로 불러 피드백을 주는 방법… 그 외에도 학교는 학교대로 부모는 부모대로 어떻게 피드백을 할지 고민해서 아이들의 학습이 가능한 완전하게 이뤄지게끔 할 필요가 있어요. 온라인 수업 기간에는 피드백이 중요하다는 사실을 인식하고 한마음으로 대책을 마련하는 것이 가장 시급하기 때문입니다.

학력 격차를
줄이는 집공부

기나긴 온라인 수업 끝에 처음으로 등교 수업을 하던 날, 선생님들은 준비를 척척 알아서 하며 수업 시간에 집중하는 아이들의 똘망똘망한 모습에 적잖이 놀랐습니다. '어려운 시기에 가정에서 습관이 확실히 들어서 왔구나' 하는 마음에 말이지요. 그렇게 좋은 경우만 보면 걱정이 없을 텐데, 반대의 경우도 그에 못지않게 많았습니다. 교과서를 펴는 일조차도 어려워하고 수업 내용이 무슨 말인지 몰라 고개를 갸우뚱하는 아이들도 있었거든요. 어찌 되었든 수업을 따라오려는 모습만 보여도 괜찮을 텐데, 모르니까 지레 포기해버리는 아이들이 보여서 '어떻게 가르쳐야 할까?' 고민에 고민을 거듭하게 되었습니다.

사실 학력 격차는 코로나19 이전부터 계속 있었던 문제예요.

2019년 교육부에서는 중학교 3학년과 고등학교 2학년을 대상으로 국가 수준 학업 성취도 평가를 실시했습니다. 이후 교육부에서 발표한 각 학년의 과목별 기초 학력 미도달 비율은 다음과 같았지요.

- 중학교 3학년: 국어 4.1%, 수학 11.8%, 영어 3.3%
- 고등학교 2학년: 국어 4%, 수학 9%, 영어 3.6%

국가 수준 학업 성취도 평가는 한 학년 전의 내용을 정확히 알고 있는지 그 여부를 확인하는 시험으로, 여기서 기초 학력에 미도달했다는 결과는 중학교 3학년은 중학교 2학년까지의 학습 내용을, 고등학교 2학년은 고등학교 1학년까지의 학습 내용을 이해하지 못하고 있다는 사실을 의미합니다. 한 학년 전의 교육 과정을 이해하지 못하는 학생들이 그만큼 많다는 뜻이지요. 초등학교의 경우 국가 수준 학업 성취도 평가를 별도로 실시하지는 않지만, 현장에서 느끼는 체감도는 중고등학교와 비슷합니다. 초등학생을 대상으로 한 국가 수준 학업 성취도 평가가 폐지되기 전인 과거 2011~2012년 기초 학력 미도달 비율을 살펴보면 초등학생 또한 중고등학생의 기초 학력 미도달 비율과 비슷한 수치를 보여왔기 때문이지요. 그동안 교사로서 수학을 포기하고 멍하니 앉아 있는 아이들을 만날 때면 어디서부터 손을 써야 할지 안타까울 때가 정말 많았습니다.

📖 온라인 수업으로 심화된 학력 격차

학력 격차는 온라인 수업으로 인해 더 심화되고 있습니다. 이제 교육에서도 양극화 문제는 피할 수 없게 되었지요. 중고등학교에서 온라인 수업 후 처음으로 실시했던 2020학년도 1학기 중간고사. 대다수 학교에서 상위권 학생들의 성적은 크게 떨어지지 않았지만, 중위권 학생들의 성적은 많이 떨어지는 현상이 나타났습니다. 사실 지금의 초등학교에서는 중고등학교처럼 점수와 등수가 매겨지는 평가를 하지 않아요. 하지만 중고등학교의 사례만 살펴봐도 초등학교에서도 그런 현상이 나타나겠다는 것을 충분히 미뤄 짐작할 수 있지요. 안타깝지만 학력 격차가 벌어지는 현실, 그리고 이러한 격차를 최대한 줄일 수 있는 방법을 부모도 함께 고민해봐야 합니다.

사실 온라인 수업도 가정에서 충분히 신경 써줄 수 있는 아이들은 자기 주도 학습을 연습하며 오히려 여유로운 시간을 보내는 기회가 되기도 합니다. 하지만 가정에서 제대로 봐줄 수 없다면 온라인 수업은 아이들에게 어쩌면 거의 시간 낭비에 가까운 일이 될 수도 있겠지요. 아무리 줌Zoom이나 웹엑스Webex

같은 플랫폼으로 쌍방향 수업을 한다고 해도, 평소 수업에 집중하지 않는 아이들은 온라인 수업에서도 집중하지 않기 때문입니다. 화면만 틀어놓고 딴생각을 하거나 인터넷을 하는 행동 자체를 막을 수는 없으니까요.

📖 위기를 기회로 만드는 방법

따라서 온라인 수업을 어떻게 다루느냐가 학력 격차를 줄일 수 있는 관건이 될 것입니다. 그러므로 앞서 살펴봤던 쌍방향 수업, 콘텐츠 제시형 수업, 과제 제시형 수업 등 어떤 형태의 온라인 수업이라도 아이가 의지를 갖고 잘 따라갈 수 있도록 구성해, 온라인 수업이 자기 주도 학습을 연습하는 기회가 되도록 만들어주는 것이 무엇보다 중요하지요. 초등학생 때는 학교 공부만 잘 따라가면 학습량을 소화할 수 있지만, 중고등학생이 되면 학습량이 증가하고 인터넷 강의 등 공부를 할 수 있는 폭도 넓어집니다. 물론 학원을 다니는 것도 좋은 방법이지만, 자신이 모르는 부분을 확인하고 그 부분만 콕 집어서 인터넷 강의를 듣는 것도 충분히 효율적인 방법이니까요. 어쩌면 초등 시기의 온라인 수업이 중고등 시기의 자기 주도 학습을 도와주는 발판이 될 수 있다는 점에서 온라인 수업은 오히려 좋은 기회로 작용할 수도 있습니다. 부모가 어떻게 하느냐에 따라서 말이지요.

위기는 기회라는 말이 있습니다. 보통의 삶과 일상을 통째로 흔들어놓은 코로나19 상황 속에도 분명 기회는 숨어 있어요. 마치 판도라의 상자처럼 말이지요. '코로나19'라는 판도라의 상자는 좌절과 절망, 슬픔과 고통을 세상에 흩뿌려놓았습니다. 하지만 그 상자의 밑바닥에 희망이 숨겨져 있다는 사실을 우리는 아직 깨닫지 못하고 있어요. 아이들에게 주어진 풍부한 시간이라는 재료를 바탕으로 어떻게 자기 주도 학습 능력을 키워줄 수 있을지 고민한다면 분명 희망이 찾아올 것입니다. 자기 주도 학습이 가능해진다면 학력 격차 또한 큰 문제가 되지 않을 테고요. 자기 주도 학습이 가능한 아이들은 학습 내용을 완수할 수 있기 때문이지요. 문제는 자기 주도 학습의 가능 여부입니다. 그러려면 부모의 노련하고 세련된 도움이 필요해요. 그러한 도움이 아이의 의지를 북돋울 테니까요. '자기 주도 학습', '부모로서의 도움' 이렇게 2가지만 마음속에 잘 간직한다면 '집공부'를 활용해 위기를 기회로 만드는 건 시간문제일지도 모릅니다.

엄마 아빠 말 안 듣는 아이를
공부하게 하려면

온라인 수업과 등교 수업을 병행하게 된 후부터 등교 수업을 할 때면 아이들이 온라인 수업 기간에 수행한 과제를 검사하기도 합니다. 과제를 검사하던 어느 날, 한 아이가 과제를 들고 쭈뼛쭈뼛 나오더군요. 그러더니 개미만 한 목소리로 말했어요.

"선생님, 못 한 게 좀 있어요."

아이의 과제를 살펴보니 '좀'이 아니었어요. 많이 안 했더라고요.

"어? '좀'이 아닌데? 많이 안 했는데?"

그랬더니 다른 아이들이 말했습니다.

"집에서 엄마가 공부하라고 할 때 '하기 싫어요!' 하면서 엄마랑 싸웠겠지."

"그래, 맞아. 엄마랑 싸웠을 거야."

아이들은 마치 자기가 겪은 일처럼 이야기를 쏟아냈습니다. 아이들이 이렇게 말할 수 있는 이유가 뭘까요? 다들 똑같이 겪는 상황이기 때문입니다. 부모님들이 온라인 수업을 하자고 하면 '하기 싫다'라는 표정을 지으면서 온몸을 꽈배기처럼 배배 꼬았을 테니까요. 사실 이런 상황은 코로나19 이전에도 심심찮게 있었지요.

코로나19 이전에도 많은 부모들이 아이의 공부 때문에 힘들어했습니다. 학교에서 내준 숙제 하나를 하면서도, 독서록 하나를 쓰면서도 아이는 고분고분 말을 듣지 않으니까요. 고개가 절로 끄덕여질 겁니다. 아이를 키운다면 누구나 공감하는 말, '고분고분하지 않다', '말을 듣지 않는다'. 유독 아이들은 공부에 있어 말을 듣지 않는 경우가 많습니다. 일단은 놀고 싶은데 공부는 노는 활동이 아니기 때문이지요. 가만히 책상에 앉아서 문제집을 풀고 책을 읽는 일을 공부라고 생각하니까요. 일기도 독서록도 한자리에 앉아 힘들게 생각해야 하는 활동이라 싫어합니다. 거기에다 글씨까지 또박또박 예쁘게 써야 하니, 아이들 입장에서는 정말 힘든 일이지요. 많은 부모들이 이러한 상황에 맞닥뜨리면서 적잖이 힘들어하지만, 사실은 당연한 일인지도 모릅니다. 기본적으로 아이들은 엄마 아빠 말을 잘 안 듣기 때문이에요. 학교에서 선생님이 하라고 하면 별말 없이 하는 아이들도 집에서 엄마 아빠가 시키면 잘 안 합니다. 그래서 학교 수업이 필요한 것이지요.

📖 공부에 대해 아이와 대화를 나눠야 하는 이유

아이한테 공부하라고 이런저런 말을 하면 "왜 꼭 그래야만 하는데요?"라며 따지는 경우가 종종 있습니다. 그러면 말문이 막혀버리지요. 그리고 어떤 내용을 자세하게 알려주려고 하면 "그렇게 하는 거 아니에요"라고 우기기도 합니다. 정말 그렇게 하는 게 맞는데도 말이지요. 그렇게 따지고 우기는 아이들과 실랑이를 하다 보면 감정 소모가 일어날 수밖에 없습니다. 결국에는 서로 지치고 힘든 마음을 마주하게 되지요. 아이들은 따지고 우깁니다. 왜냐하면 '공부'는 '엄마 아빠 때문에 하는 것'이기 때문이에요. 잘못된 생각이지요. 공부는 자기 자신을 위해서 하는 것이니까요. 하지만 아이들에게도 나름대로 이유는 있습니다. 공부를 시키는 사람이 엄마 아빠이기 때문에 공부를 하는 것도 엄마 아빠 때문이라고 생각하는 것이지요. 그래서 아이를 공부시킬 때는 '공부하는 이유'에 대해서 함께 조곤조곤 대화를 나누는 과정이 꼭 필요합니다.

공부는 누구를 위해서 하는 것일까?

어떤 아이들은 엄마 아빠 때문에 공부한다고 생각합니다. 이런 경우 엄마 아빠가 아이에게 왜 공부를 하라고 하는 것 같은지 이유를 물어본 다음, 공부를 함으로써 무엇을 얻을 수 있는지 함께 이야기하면서 공부로써 이익을 얻는 주체가 아이 자신이라는 사실을 일깨워줄 필요가 있습니다.

공부의 목적은 무엇일까?

우리는 공부를 통해 좋은 대학 진학처럼 실질적인 효용을 얻을 수도 있고, 생각하는 힘을 기를 수도 있습니다. 그런가 하면 학교 공부라는 과업을 통해서는 근면함도 기를 수 있지요. 크게 보면 공부의 목적은 공부 그 자체의 목적을 추구하거나 공부 바깥에서의 이익을 얻기 위함입니다. 아이와 함께 차분하게 공부의 목적과 효용에 대해 이야기를 나누다 보면 아이 스스로 공부를 해야 하는 이유를 깨달을 수 있겠지요.

📖 공부에 대해 아이와 대화를 나누는 순간

어느 날, 아이가 책을 읽다가 진시황이 책을 모조리 불태웠다는 이야기에 책장을 덮고 물어보더군요.

"아빠, 근데 왜 진시황은 책을 불태웠어요?"

"왜 그랬을 것 같아? 진시황은 왜 사람들이 책을 못 보게 했을까?"

"음… 사람들이 똑똑해지는 게 싫어서요?"

"그것도 이유가 될 것 같아. 책을 읽으면 사람들이 지혜로워지잖아. 사람들이 지혜로워지고 판단을 잘하게 되면 진시황이 자기 마음대로 할 수 있는 것들이 적어질까 봐 그러진 않았을까?"

"아, 그러면 사람들을 생각하지 못하게 만들려고 그랬던 거네요."

"그렇다고 볼 수 있지. 책을 읽을수록 사람들이 비판적으로 생각할 수 있는 힘이 커지거든."

책을 읽고 나눈 대화는 여기까지였지만 한마디를 더 했습니다. 책을 많이 읽으라는 뜻으로 말이지요.

"근데, 엄마 아빠한테 고맙지 않아? 엄마 아빠가 책도 마음대로 읽을 수 있게 해주고, 도서관에서 책도 많이 빌려다 주잖아. 엄마 아빠도 너희들 편하게 키우려면 책을 안 읽힐 것 같아. 공부도 못 하게 할 거야. 진시황처럼 말이지. 책을 못 읽게 하고 공부를 안 시키면 덜 생각하게 될 거야. 그러면 생각하는 힘이 없어서 엄마 아빠한테 이러쿵저러쿵 말대꾸도 못 하고 시키는 대로 잘할 테니까."

덧붙인 이 말에 아이는 씩 웃으며 한마디 하더라고요.

"아, 진짜 다행이다. 공부도 하고 책도 읽을 수 있어서……."

이렇게 문득 아이와 공부에 대해 이야기할 수 있는 순간이 찾아옵니다. 책을 읽고 난 어느 순간, 밥을 먹다 이야기를 하는 도중 등 언제든 찾아올 수 있지요. 사실 훈계하듯 말하려면 아무 때나 아이를 붙잡고 하면 됩니다. 하지만 별로 효과는 없겠지요. 대신에 아이 자신도 모르게 찾아오는 자연스러운 대화의 순간에 부모가 평소 하고 싶었던 한두 마디를 마음에 닿게 이야기해준다면 아이도 공부의 목적과 필요성을 조금 더 느끼지 않을까 싶습니다. 이때 아이의 연령과 생각하는 수준에 따라 눈높이 대화를 한다면 더욱 좋겠지요. 저학년 아이들에게는 공부하며 느끼게 되는 앎의 즐거움에 대해 조금 더 주제를 맞추고, 고학년 아이들에게는 앎의 즐거움과 더불어 공부가 갖는 사회적 효용성에 대해 조금 더 주제를 맞추면 됩니다. 부모가 언제 어디서 아이와 대화를 나눠도 말이 술술 나올 만큼 미리 고민한다면, 공부 대화는 그 무엇보다 효과적이겠지요.

공부를 주제로 한 대화를 나누다 보면 아이도 스스로 생각을 정리하게 됩니다. 물론 한술 밥에 배부르지 않듯이 한 번의 대화로 아이가 마법처럼 스스로 공부하게 되지는 않겠지만요. 하지만 부모가 인내심을 갖고 아이와 꾸준히 대화를 나눈다면 아이도 공부에 대한 목표 의식을 정립하게 됩니다. 긴 호흡으로 천천히 대화를 나누면서 공부의 주인은 바로 아이라는 사실, 그리고 공부를 통해 혜택을 받는 사람 또한 아이 자신이라는 사실을 일깨워주세요. 그러면 엄마 아빠의 어깨 위에 얹힌 짐도 조금은 가벼워질 겁니다.

아이에게 공부 주도권을
주는 집공부

많은 부모들이 아이들에게 공부를 시키며 스트레스를 받습니다. 세상은 넓기에 굳이 부모가 잔소리를 하지 않아도 스스로 알아서 공부하는 아이들도 분명 있습니다. 하지만 대부분의 아이들은 공부하는 이유를 '엄마 아빠 때문'으로 돌리며 공부에 저항하는 모습을 보이지요. 앞서 살펴봤듯이 아이들이 공부에 대한 주인의식이 부족해서 그런 경우가 많습니다. 그래서 아이들에게 주인의식을 심어주는 것이 가장 중요합니다. '공부는 내 것'이어야 하거든요.

📖 "공부해"라는 말 대신 부모가 해야 할 일

미국 컬럼비아대학교의 심리학자들은 2010년 「인지 과학의 경향Trends in Cognitive Sciences」을 통해 '지배 욕구는 생존에 필요한 생물학적인 욕구'라고 역설했습니다. 생물학적인 욕구는 먹고 자는 것처럼 가장 기본적으로 충족되어야 하는 욕구예요. 이처럼 지배 욕구 또한 생물학적인 욕구라면 아이들의 지배 욕구가 충족되지 않을 때 문제가 생기게 됩니다. 아이들이 무기력해지는 문제 말이지요. 자신들이 지배할 수 없기에 무기력해지고, 주도권을 갖고 싶어서 화를 내고 반항을 하는 것이니까요. 그래서 다툼이나 마찰 없이 아이를 공부시키려면 공부를 하며 '내가 이 상황을 지배하고 있어'라고 느끼도록 분위기를 조성해야 합니다.

하지만 결코 쉽지 않다는 것이 함정이지요. 얼핏 '그래, 아이에게 주도권을 주면 되지'라고 주먹을 불끈 쥐며 해내면 될 것 같은데, 실제 상황에서 부모는 아이에게 주도권을 주지 않습니다. 예를 들어볼게요. 밖에 나갔다 들어와서 손을 씻어야 하는 경우, 어떤 부모는 아이가 손 씻을 틈도 주지 않고 바로 "손 씻어"라고 먼저 말합니다. 이때 누군가는 "그냥 놔두면 절대 혼자 씻지 않아요"라고 말할 수도 있겠지요. 물론 아이가 저절로 손을 씻을 확률은 낮습니다. 하지만 아이에게 틈을 주면서 말하는 것과 아예 하지 않을 것이라고 여기며 시간도 주지 않은 채 자동적으로 말하는 것은 큰 차이가 있어요.

집공부를 하면서도 마찬가지입니다. 부모가 아이의 온라인 수업을 봐주면서 "공부해"라고 말한다면 아이는 자신이 상황을 주도한다고 느끼지 못하겠지요. 그래서 그럴 때도 뭔가를 선택하는 느낌이 들도록 말을 해주면 좋습니다. 공부한다는 전제하에 "저녁 먹고 공부할래? 아니면, 공부하고 저녁 먹을래?"라고 선택지를 주면서 아이의 지배 욕구를 충족시켜주면 어떨까요? 일단 자신이 선택했다는 느낌이 들면 주도권을 가졌다고 생각하게 되니까요.

이렇게 제한적으로 주도권을 주는 방법도 있지만, 더 큰 것을 지배하게 함으로써 아이가 '내가 주인이다'라는 생각을 갖도록 만들어주는 것도 좋습니다. 온라인 수업을 하면서 아예 아이에게 맡겨버리는 거예요. 당연히 아이에게 맡긴다고 해서 아이가 100% 충실하게 공부를 하지는 않습니다. 하지만 일단 아이에게 키를 넘겨서 자신이 알아서 한다는 느낌을 가지면 '공부는 엄마 아빠 때문에 하는 것'이라는 인식은 버리게 할 수 있지요. 체크 리스트를 활용하거나 아이가 배움 공책, 과제 등을 스스로 하게 한 다음에 피드백을 철저히 해주면 서로 간의 대립을 어느 정도는 피할 수 있습니다.

📖 정말로 위기는 기회가 된다

최근 코로나19로 인해 많은 부모들이 더 힘들어하고 아이 공부시키기를 더 막막해합니다. 너무 막막한 나머지 화가 나기도 하고, 알아서 스스로 공부하지 않는 아이에게 실망하기도 하지요. 그런데 곰곰이 생각해보면 코로나19 때문에 이런 일을 먼저 겪었을 뿐이지, 피할 수 없는 일이라는 사실을 알 수 있습니다. 사실 초등 시기는 자기 주도 학습이 되지 않더라도 사교육 혹은 부모의 강압에 의해서 어느 정도는 공부를 잘할 수 있어요. 하지만 학습량이 점점 늘어나는 중고등학교 시기에는 자기 주도 학습이 되지 않으면 아무리 많은 사교육을 받는다고 하더라도 제대로 공부하기가 어렵지요. 공부의 주체는 자기 자신이기 때문입니다. 학교에서도, 학원에서도 선생님이 뭔가를 가르쳐줄 수는 있지만, 그것을 받아들여서 익히고 깨닫는 사람은 결국 아이 자신이니까요.

그러므로 자기 주도 학습이 되는 아이, 스스로 계획을 세워서 공부하는 아이, 자신이 무엇을 알고 또 모르는지를 아는 메타 인지가 잘 발달한 아이, 공부하는 이유를 알고 스스로 동기 부여를 하는 아이, 공부를 시작할 때 학습 목표에 따라 무엇을 어떻게 공부해야 할지 전략을 세우는 아이 등 이런 아이들이 중고등학생이 되어서도 주어진 학습량을 채우며 지치지 않고 공부할 수 있게 됩니다. 아이가 중고등학생이 되고 나서 부모가 '아, 우리 아이는 자기 주도 학습이 되지 않네'라는 사실을 알게 된다면 그때는 아이의 성적이 떨어지는 시점입니다. 문제 상황에 맞닥뜨리고 나서야 대부분의 부모들이 문제를 인식하지요. 하지만 그때는 이미 너무 멀리 와버린 뒤입니다.

불행인지 다행인지 모르겠지만 코로나19를 기점으로 많은 부모들이 아이의 공부를 가까이서 지켜보게 되었습니다. 열이면 여덟 이상은 답답해하지요. 왜 답답할까요? 온라인 수업을 제대로 받지 않아서, 과제를 하라고 하면 짜증부터 내서, 공부하라고 하면 대충대충 눈 가리고 아웅 식으로 해서… 이런저런 이유로 부모는 아이의 공부하는 모습을 지켜보며 답답함을 느낍니다. 그런데 이 모습은 하루 이틀 이어지지 않았습니다. 그동안 미처 확인하지 못했을 뿐 아이는 그런 모습을 감추고 있었던 것이지요.

어쩔 수 없이 온라인 수업을 하게 되면서 좋든 싫든 부모는 마음에 들지 않는 아이의 모습을 지켜보게 되었지만, 어쩌면 이 모습은 몇 년 후 중고등학생이 된 아이의 모습이 아닐까요? 다행히도 우리는 훗날의 모습을 미리 보게 되었습니다. 속은 좀 쓰리지만 바로잡을 수 있는 절호의 기회를 얻은 셈이지요. 나중에 겪었다면 더 힘들고 더 답답했을 일을 미리 겪는다고 생각하면 됩니다. 이런 과정을 통해서 아이의 공부를 살펴

아이가 공부 기초 체력을 기르고, 자기 주도 학습의 기반을 쌓도록 도와줄 수 있으니까요. 부모가 마음을 다잡고 집공부를 통해 아이에게 공부 주도권을 준다면 위기는 정말로 기회가 될 것입니다.

집공부 몰입의
3요소

코로나19를 기점으로 온라인 수업처럼 집에서 공부를 해야만 하는 일이 늘어났습니다. 아이가 학원에 가는 것조차도 불안해하는 부모들이 많기에 어쩌면 '집공부'는 선택이 아니라 필수인지도 모릅니다. 집에서 아이에게 공부를 직접 가르쳐본 부모라면 많이 느끼겠지만 같은 시간을 공부하더라도 아이의 태도와 몰입 정도에 따라서 공부의 효과는 달라집니다. 빈둥빈둥 1시간과 몰입 1시간의 차이는 굉장히 크기 때문이지요. 실제로 컨설팅 회사인 맥킨지에서 10년간 수행한 연구에 따르면 최고 임원들이 몰입했을 때의 생산성이 그렇지 않은 때보다 5배나 향상되었다고 하더군요. 몰입은 그만큼 중요합니다.

당연히 집에서 공부할 때도 몰입이 필요합니다. 어떻게 하면 아이가 공부에 몰입하게 할 수 있을까요? 미국의 신경 심리학자 프레데리케 파브리티우스Friederike Fabritius는 『뇌를 읽다The Leading Brain』에서 몰입을 위해서는 구체적인 목표, 최적의 난이도, 명확하고 즉각적인 피드백이 필요하다고 이야기합니다. 목표를 수립할 때 아이의 집중력을 유지시켜주는 '아세틸콜린'이 분비되고, 적절한 난이도의 과제는 집중력과 반응 행동을 담당하는 뇌의 영역에 작용하는 '노르아드레날린'을 자극하며, 피드백의 보상은 의욕과 흥미를 자극하는 신경 전달 물질인 '도파민'을 크게 증가시켜준다고 하면서 말이지요. 목표, 난이도, 피드백. 이렇게 3가지는 교육학의 측면에서도 생물학의 측면에서도 충분히 근거가 있고 설득력이 있습니다. 그래서 부모가 아이의 집공부를 봐줄 때는 특히 더 이러한 3가지를 어떻게 효율적으로 제공해줄 수 있을지 많은 고민이 필요합니다.

📖 구체적인 목표 설정

우선 목표는 눈에 보여야 합니다. 학교에서도 수업을 설계할 때 학습 목표 설정에 대해 많이 고민하지요. 구체적으로 눈에 보이는 목표를 제시해야 수업이 끝나고 아이들이 목표를 달성했는지 파악할 수 있거든요. 구체적이지 않은 목표는 막연하고 보이지 않지만, 구체적이고 눈에 보이는 명료한 목표는 손에 잡힐 듯이 가까이 있기 때문입니다. 집공부를 할 때도 아이에게 명확한 목표를 말해준다면 학습이 보다 구체적으로 이뤄지겠지요. 예를 들어 5학년 1학기 수학 4단원 '약분과 통분'에 대한 문제집을 풀 때라면 "72쪽부터 76쪽까지 풀자"라고 말해주기만 해도 구체적인 목표가 될 수 있어요. 문제집을 4쪽 풀라고 정확한 수치를 이야기한 것이니까요. 그러면 아이는 문제집을 다 풀고 난 후에 '아, 4쪽이나 풀었어'라고 뿌듯함을 느끼겠지요. 이런 방법은 하수, 중수, 고수의 단계 중 중수 단계의 구체적인 목표입니다. 그렇다면 고수인 부모는 어떻게 목표를 제시할까요?

"72쪽부터 76쪽까지 풀자. 오늘은 분수를 간단하게 나타내보는 문제야. 약분을 알고 기약 분수로 나타낼 수 있으면 오늘 공부는 성공!"

공부할 내용을 구체적으로 짚어주고 무엇을 해야 '끝판왕'을 깰 수 있을지 확인시켜주는 것이지요. 아이들이 게임을 할 때 중요하게 생각하는 것은 그 단계를 완벽하게 끝냈는지 혹은 마지막 판에 어떤 왕이 있는지의 여부예요. 그래서 게임을 시작할 때 '이번 단계를 깨겠어', '끝판왕을 무찌르겠어'라는 마음을 가집니다. 공부를 시작할 때 끝판왕을 알려주세요. 무엇을 공부하는지 정확하게 알려주면 아이들도 마음속에 도전하고 싶은 의욕을 갖게 되니까요.

📖 최적의 난이도

몰입을 위해서는 아이가 '약간' 어려워하는 수준의 문제를 제시하는 것이 좋습니다. 그런데 과연 어떤 수준이 아이의 현재 수준보다 약간 어려운 것일까요? 일단 이번 학기를 기준으로 지난 학기의 교과 과정을 모두 습득했다고 가정했을 때, 이번 학기에 배우는 내용은 모두 아이의 수준보다 약간 어려운 것들입니다. 다만 복습이 안 되었을 경우, 특히 수학은 상당히 어려운 수준이 될 수 있으니 이미 공부했던 수학 문제를 한번 풀게 해서 정확한 수준을 진단해보는 과정이 중요해요. 학교에서 진단 평가를 보는 이유이기도 하지요.

예를 들어 5학년 1학기 수학 4단원 '약분과 통분'을 배우는데 아이가 약분을 제대로 못 한다면 5학년 1학기 수학 2단원 '약수와 배수'를 제대로 학습하지 못했기 때문인 경우가 많습니다. 그럴 때 아이에게 최적의 난이도는 4단원인 '약분과 통분'에서 다루는 문제가 아니라 2단원인 '약수와 배수'에서 다루는 문제지요. 아이에게 적절한 수준의 난이도는 그때그때 진도에 맞는 문제가 아니라 아이가 제대로 이해하고 있는 지점이에요. 그래서 최적의 난이도를 제시해주려면 아이의 실력을 파악하는 일이 선행되어야 합니다.

📖 명확하고 즉각적인 피드백

도파민은 의욕과 흥미를 자극하는 신경 전달 물질로, 무서운(?) 것입니다. 왜냐고요? 도파민은 게임을 할 때 그렇게 많이 만들어진다고 하더군요. 게임에서 한 판을 깨고 또 깨면서 고수가 되어갈 때, 롤플레잉게임Role Playing Game을 하면서 레벨이 올라갈 때 말이지요. 공부를 하면서도 명료하게 피드백을 주면 아이는 게임을 할 때처럼 보상을 받는다고 생각합니다. 자신이 공부를 열심히 해서 실력이 늘어났다는 느낌을 확연하게 받기 때문이에요. 목표를 구체적으로 말했다면 피드백을 구체적으로 하는 일은 쉽습니다. 목표를 정할 때 말했던 바로 그 부분을 응용하면 되거든요.

"우아, 약분을 제대로 할 수 있구나."
"기약 분수로 나타내는 방법을 정확하게 알았네."

"이제 통분을 잘할 수 있구나."

물론 부모가 이렇게 말하려면 아이가 공부할 때 옆에서 조금씩 도움을 줘야 합니다. 아이가 문제집만 보고도 혼자서 잘할 수 있다면 집공부를 봐주는 일이 참 쉽겠지만, 현실은 그렇지 않거든요. 곁에서 아이가 무엇을 어려워하는지 지켜보고, 그래서 어떻게 해결을 하도록 도와줘야 할지 고민하는 일이 필요하니까요. 부모로서 그렇게 하다 보면 아이가 공부를 하면서 무엇을 할 수 있게 되었는지 어떤 노력을 기울였는지 알게 됩니다. 그러면 구체적으로 조목조목 아이가 납득할 만한 피드백을 주는 일이 자연스러워지지요.

집공부를 할 때 아이가 몰입하면서 공부할 수 있게 하려면 앞서 언급한 3가지, 구체적인 목표 설정, 최적의 난이도, 명확하고 즉각적인 피드백을 잘 기억하세요. 아이가 집공부를 하더라도 몰입해서 할 수 있게끔 부모가 교육 과정과 아이의 수준을 명확하게 파악하면 좋겠습니다.

아이의 자존감과
집공부의 상관관계

우리나라에서 '공부'란 무엇을 의미할까요? 공부에는 여러 가지 의미가 있지만, 국가 수준 2015 개정 교육 과정에 따르면 아이들이 공부를 하는 이유는 '전인적인 발달'을 도모하기 위해서입니다. 한마디로, 신체적·사회적·인지적 발달을 이뤄 사회에서 한 인간으로서 어울려서 살기 위함이지요. 하지만 우리가 부모로서 떠올리는 공부는 굉장히 협소한 개념입니다. 대부분이 흔히 공부를 입시와 동일시하기 때문이에요. 부모라면 누구나 내 아이가 이왕이면 12년의 학창 시절을 잘 보내서 좋은 대학교에 가면 좋겠다는 마음을 가집니다. 그런 마음은 피하기가 참 어렵습니다. 전통적으로 좋은 대학이 의미하는 바가 '사다리'여서 그렇지요. 좋은 학교를 졸업해야 취직하기가 수월하고,

더 나아가 사회에서 좋은 자리를 선점할 가능성이 큰 것 말이에요. 좋은 일자리가 넉넉하지 않은 요즘도 상황은 비슷합니다. 내신 관리를 잘하고, 수능 점수를 높게 받는 것. 이렇게 2가지가 학부모로서 우리가 공통으로 가진 공부의 목표가 아닐까요? 사다리가 점점 사라져가는 안타까운 현실이지만, 그럼에도 우리는 교육이라는 사다리를 선망합니다. 어떻게 보면 교육만이 아이들을 더 나은 삶으로 인도할 수 있는 가장 현실적인 수단이기 때문이지요.

매년 아이들이 갈 수 있는 이른바 인 서울 4년제 대학의 정원은 대략 4만 명. 그중에 중위권 이상 대학의 정원은 대략 2만 명. 사실 대학은 별문제가 아닙니다. 대학을 졸업한 후에 안정적인 직업을 가질 확률, 대기업 사무직이나 공무원 등은 2만 명에도 못 미치는 현실. 결국, 아이들은 의자 뺏기를 해야 하지요. 무한 경쟁의 시대, 몇 안 되는 자리를 차지하기 위해 '공부'라는 두 글자로 포장된 입시 경쟁을 뚫어야만 하는 아이들의 숙명. 수단이기 때문에 공부는 힘듭니다. 무언가 다른 것을 위한 수단이나 도구가 되면 그때부터 본질적인 가치가 훼손되기 때문이지요. 공부는 그 자체로도 충분히 반짝이고 빛나지만, 그것을 수단으로만 본다면 공부가 가진 가치는 평가 절하될 수밖에 없습니다. 그런데 요즘, 수단으로서 공부의 입지도 흔들리고 있어요. 수단으로서, 사다리로서의 공부도 분명 필요합니다. 하지만 본질을 볼 수 있어야 수단으로 이용하게 되더라도 충분히 행복한 마음을 유지할 수 있겠지요.

📖 공부의 본질과 집공부

그렇다면 '공부의 본질'은 무엇일까요? 아이들이 학창 시절에 공부를 하면서 얻을 수 있는 가치는 무엇일까요? 아마도 근면성과 성취감이겠지요. 아이들은 공부와 관련된 많은 과제를 수행하면서 성취감을 느낍니다. 아예 모르던 한글을 처음으로 읽었을 때의 성취감, 너무 어려워 끙끙대다가 결국 나눗셈 문제를 풀고 나서 동그라미를 받았을 때의 희열, 단소를 불면서 '후후' 하는 바람 소리만 내다가 '임', '중', '황' 등 율명을 제대로 소리 내서 연주했을 때의 짜릿함… 이런 작은 성취의 순간들이 모이고 또 모여 아이들에게 '나도 할 수 있다'라는 자기 효능감을 키워주지요.

정신과 의사이기도 한 윤홍균 작가는 『자존감 수업』에서 자존감에는 3개의 기본 축이 있다고 했습니다. 자신을 쓸모 있게 느끼는 '자기 효능감', 자기 마음대로 행동하고 싶어 하는 '자기 조절감', 안전하고 편안함을 느끼는 능력인 '자기 안전감', 이렇게 3개의 기본 축이 모여 자존감을 이룬다고 했지요. 자존감의 기본 축 중 하나인 자기 효능감, 아이의 자기 효능감을 위해서라도 학교 공부는 중요합니다.

학창 시절의 공부는 선택의 문제가 아닙니다. 그날그날 해내야만 하는 과업이지요. 학교 공부를 따라가지 못하면 '난 해봤자 안 돼'라는 생각에 위축되고, 그런 무기력함이 아이를 괴롭힙니다. 무엇을 하든 '할 수 없을 거야'라는 마음을 갖게 되니까요. 그래서 아이가 공부를 잘하고 있는지, 학교에서 요구하는 성취 기준을 잘 따라가는지 등을 가정에서도 유심히 살펴볼 필요가 있습니다.

📖 아이의 자존감과 집공부

미국의 심리학자 에릭 에릭슨Erik Erikson은 6세에서 12세까지 아이들이 겪는 기본 갈등을 '근면성 vs 열등감'으로 정의했습니다. 이 시기는 지금의 초등학교 시기와 거의 일치해요. 이 시기의 아이들은 열심히 노력하는 일을 통해 성취감을 느낍니다. 그리고 자신이 노력한 만큼의 결과를 얻지 못하면 또래 집단에 비해 열등감을 느끼지요. 부모가 아이의 공부에 관심을 갖고 옆에서 도와줘야 하는 이유는 바로 이 지점 때문입니다. 제대로 하지 못해서 느끼는 열등감은 아이의 자존감을 갉아먹거든요. 반면, 매일 해야 하는 공부를 제대로 해내서 성취감을 느낀다면 아이는 분명 스스로에 대해 뿌듯함을 느끼며 자존감을 키울 수 있겠지요.

아이의 자존감을 위해서라도 꼭 해내야 하는 필수 과업인 공부. 아이가 하루하루 이러한 과업을 완수하게끔 하기 위해서는 반드시 집공부가 필요합니다. 등교 수업으로 학교에서 배우거나 온라인 수업으로 집에서 배우고 나면 익혀야 하는 과정이 필수적이니까요. 그래서 공부를 다른 말로 '배울 학學'에 '익힐 습習'을 써서 '학습學習'이라고 하는지도 모르겠어요. 부모가 집공부를 통해 아이에게 배움의 내용을 익히게 해준다면 아이는 분명 자신감을 갖고 공부하게 될 것입니다.

아이가 초롱초롱한 눈을 빛내며 공부하는 모습을 상상해보세요. 그 어렵다는 최소 공배수와 최대 공약수를 척척 구하며 수학 시간에 집중하는 모습, 설명하는 글을 쓰고 친구들 앞에서 멋지게 발표하며 어깨를 으쓱하는 모습, '우아, 이거 신기하네' 하며 호기심 어린 마음으로 실험 도구를 만지는 모습… 그러면서 스스로를 뿌듯하게 느끼며 마음을 키우는 아이들. 생각만으로도 왠지 뿌듯해집니다. 아이가 학교 공부를 통해 성취감을 느낄 수 있도록, 그런 성취감이 아이의 마음에 긍정적인 영향을 줄 수 있도록 도와주기 위해 부모인 우리는 집공부에 많은 노력을 기울여야 합니다.

똑같은 재료로 음식을 만들어도 요리법에 따라 맛이 달라집니다. 공부도 똑같습니다. 똑같은 공부를 하더라도 태도와 방법에 따라 결과가 달라지거든요. 초등 시기에는 공부할 때 코치가 필요합니다. 결과를 다르게 만드는 태도와 방법을 아직 제대로 익히지 못했기 때문이지요. 공부 기초 체력을 키워주고 자기 주도 학습의 기틀이 되는 집공부. 부모가 아이에게 집공부를 제대로 코치해주기 위한 노하우인 '집공부 기본기'에 대해 함께 알아보겠습니다.

초등 집공부 기본기 기르기

부모 역할
부모는 선생님이 아니다

온라인 수업을 할 때 부모의 역할은 어디까지일까요? 홈스쿨링을 하는 부모처럼 직접 교육 과정을 세우고 선생님이 되어주는 것일까요? 아니면 학교 선생님처럼 교과서와 교육 과정이 있으니 하나하나 가르치면서 아이에게 피드백까지 완벽하게 해주는 것일까요? 일단 온라인 수업을 하게 되면 부모는 당황스럽습니다. '이걸 다 가르쳐야 해?' 하는 마음에 말이지요. 하지만 상황을 가만히 살펴보면 수업 콘텐츠는 온라인으로 제공됩니다. 얼핏 맨땅에서 헤딩하는 것처럼 보이지만 꼭 그렇지만도 않지요. 일단 모든 걸 가르쳐야 한다는 생각을 내려놓으세요. 그러면 한결 마음이 편해집니다.

📖 부모는 단지 거들 뿐

부모가 모든 내용을 가르치는 것이 아니라 '옆에서 지켜본다'라는 마음으로 아이의 온라인 수업을 대해야 너무 스트레스를 받거나 힘이 드는 상황을 피할 수 있습니다. 부모의 역할은 옆에서 지켜보는 것, 아이가 모르는 내용이 있을 때 도와주는 것, 100% 다 가르치지 않고 아이가 직접 하도록 안내해주는 것. 이처럼 처음부터 목표를 작게 설정하면 부모로서 느끼는 부담이 훨씬 줄어들지요.

부모가 아이의 온라인 수업을 봐주겠다고 굳게 마음을 먹는다고 해도 대부분은 의자에 앉을 때부터 짜증이 납니다. '일도 힘들어 죽겠는데 집에서도 이렇게 해야 해?', '우리가 밖에 나가서 힘들게 일하는데 얘들은 좀 해놓으면 어디 덧나나?' 그래서 인상을 쓰면 아이도 심상치 않은 분위기를 감지하고 더 방어적으로 움직이기 때문에 더 고집부리고 반항하게 될 가능성이 커집니다. 일단은 편하게 마음먹는 게 가장 중요합니다. 부모의 표정과 눈빛만으로도 아이는 분위기를 감지하니까요. 함께 앉아서 점검은 하겠지만 모든 것을 전적으로 봐주지는 않아도 됩니다. 그리고 이 말을 꼭 기억하세요.

"부모는 단지 거들 뿐."

오래전의 만화 『슬램덩크Slam Dunk』에서 나왔던 "왼손은 단지 거들 뿐"이라는 명대사를 살짝 떠올려보세요. 농구에서 슛을 할 때 왼손은 단지 거들기만 하라잖아요. 부모도 똑같아요. 단지 거들 뿐입니다. 슛을 하는 건 오른손, 공부를 하는 건 아이. 그러니까 부모는 옆에서 살짝 검사만 해주면 됩니다. 부모의 역할은 아이가 공부할 때 최대한 곁에서 지켜보다가 다 끝나면 조금 봐주는 것이니 너무 스트레스를 받지 않았으면 합니다.

📖 맞벌이 부모의 경우

맞벌이 부모라면 저녁에 아이의 공부를 확인하는 것이 좋습니다. 아이에게 낮에 어느 정도 끝내라고 한 다음에 제대로 하지 않은 부분을 봐줘도 괜찮고, 여력이 있다면 부모가 귀가한 후에 시작해도 괜찮습니다. 물론 시간이 다소 소요되겠지만요. 한 학기 정도 온라인 수업을 해보니, 앞서 이야기한 방법 중에서 후자보다는 전자가 훨씬 낫습니다. 퇴근해서 다 봐주면 취침 시간도 늦어지고 부모도 힘드니까요. 그래서 저는 퇴근하면서 아이에게 물어봅니다. "몇 시에 검사해줄까?" 그러면 아이가 알아서 대답하지요.

온라인 수업에 투자하는 시간은 천차만별입니다. 직접 경험해보니 보통 짧게는 2시간에서 길게는 4~5시간 정도 걸리더군요. 미술처럼 아이가 무언가를 그리고 만드는 활동이 있는 날은 조금 더 긴 시간이 필요합니다. 이처럼 비교적 많은 시간이 소요되기에 부모가 옆에서 하나하나 자세히 봐주면 그만큼 서로 힘이 들 수밖에 없어요. 부모는 부모대로 꼼꼼하게 봐주려니 힘이 들고, 아이는 아이대로 온라인 수업을 부모가 옆에서 감시하는 것처럼 느낄 수도 있으니까요.

✎ (좌) 아이가 직접 온라인 수업에서 배운 내용을 정리한 공책.
　(우) 부모가 채점을 해준 수학 익힘책.

그래서 아이가 온라인 수업을 할 때 저는 그 옆 책상에 앉아서 다른 일을 합니다. 그렇게 한두 시간쯤 지나면 아이가 검사를 해달라고 하지요. 검사를 한 후에 중요한 내용을 한두 가지쯤 물어보고, 수학과 수학 익힘책을 채점해주고, 공책을 보면서 빠뜨린 내용을 다시 쓰라고 이야기해줍니다. 수학 익힘책을 보다가 아리송한 문제는 같이 의논하면서 풀어보기도 하고요. 맞벌이 가정에서는 저녁에 시작할 수밖에 없겠지만, 외벌이 가정이라면 아이가 오전에 어느 정도 진행한 온라인 수업 내용을 오후에 앞서 언급한 바와 같이 검사하고 점검하는 것도 괜찮은 방법입니다. 집에서 온종일 아이와 함께할 수 있는 가정이라면 온라인 수업을 하는 중간중간 휴식 시간을 만들어 적당히 완급을 조절하는 것 또한 좋은 방법이지요. 그리고 아이와 함께 시간표를 만드는 것도 좋습니다. 아이가 자신이 계획한 시간표를 지키면서 스스로 공부하는 힘을 기르는 기회가 될 테니까요.

기질
집공부의 성공을 좌우하는 의외의 요소

"온라인 수업이 생각보다 쉬워요. 아이가 저절로 하더라고요."

"아휴, 정말 힘들어요. 온라인 수업하고 나서 애랑 편하게 지내본 날이 없어요."

다른 부모들과 이야기를 하다 보면 온라인 수업이 쉽다는 부모도 있고, 너무 힘들다는 부모도 있습니다. 정확하게 통계로 나와 있지는 않지만, 개인적으로 판단해보면 저를 포함해서 힘든 부모가 조금 더 많은 느낌이에요. 온라인 수업뿐만 아니라 집공부를 봐주는 것. 어쩌면 아이의 기질과 많이 닿아 있지 않을까 싶어요. 주변의 부모들을 살펴보면 순응형 아이를 키우는 집은 조금 수월하게 생각하는데, 비순응형 아이, 즉 고집이 있는 아이를 키우는 집에서는 너무 힘들어하니까요.

📖 순응형 아이 vs 비순응형 아이

아이들은 저마다 타고난 기질이 있습니다. 그것을 큰 기준으로 구분한다면 '순응형 아이 vs 비순응형 아이'로 나눌 수 있어요. 순응형 아이는 한마디로 고분고분한 아이입니다. 부모가 말하면 순응하면서 듣는 아이지요. 비순응형 아이는 한마디로 고집이 센 아이입니다. 말하면 곧이곧대로 듣지를 않아요. "왜 꼭 그래야만 하는데요?", "왜 꼭 지금 공부해야 하는데요?" 하면서 이유를 찾아요. 이유를 조곤조곤 말해줘도 납득이 되지 않으면 성질을 내기도 하고요. 그래서 뭔가를 같이해야 할 때, 부모가 어려움을 느끼지요. 비순응형 아이를 키우는 부모들은 대부분 많이 힘들어합니다. 아이가 하나인 가정은 정말 복불복입니다. 50%의 확률이니까요. 순응형 아이를 키운다면 '아이 키우기 쉽겠구나' 할 수 있고, 비순응형 아이를 키운다면 '아이 키우기 어렵겠구나' 할 수 있겠지요. 둘 이상 키우는 가정에서는 '아, 다 다르구나'를 몸소 느낄 거고요.

그러면 순응형 아이는 마냥 쉬울까요? 꼭 그렇지만은 않습니다. 순응형 아이는 사춘기가 늦게 옵니다. 그런 어른들 있잖아요. 하라는 대로 하고 시키는 대로 잘하다가, 어느 순간 '내가 왜 그렇게 살았지?' 하면서 서른이 넘어서야 인생에서 혼란을 겪는 어른들. 이런 어른들은 대부분 학창 시절에 부모님과 선생님에게 순응하면서 자기주장 없이 살았을 가능성이 큽니다. 그런데 그렇게 주관을 내세우지 못하다가 어느 순간 인식을 하게 되면 혼란스러워요. 문제는 그런 부분들이 학창 시절에는 잘 드러나지 않는다는 것이지요. 기질도 동전의 양면처럼 장단점이 분명히 있어요. 부모가 아이의 유별난 기질조차도 긍정의 눈으로 바라보고 아이의 방식을 존중한다면 아이는 기질에 따른 단점도 장점으로 만들어 세상에 좋은 영향을 끼치는 사람이 될 것입니다.

📖 순응형 아이를 대하는 방법

공부하자는 말에 다소 짜증을 내더라도 순응하면서 따라오는 아이들. 사실 이런 아이들은 어려운 점이 없습니다. 그냥 시키는 대로 잘하니까요. 하지만 시키는 대로 잘하는 아이들의 마음을 보듬어주는 것 또한 부모가 반드시 해야 하는 중요한 일입니다. 순응형 아이들도 스트레스는 똑같이 받으니까요. 자신이 받는 스트레스를 반항으로 푸느냐, 아니면 속으로 쌓아두느냐의 차이만 있을 뿐이지요.

순응형 아이들은 크게 표현하지 않는 대신에 속상한 마음을 속으로 꼭꼭 숨기는 경우가 많습니다. 스스로 속상한지도 모르다가 어느 정도 감정이 쌓인 다음에야 폭발하기도 하지요. 그래서 순응형 아이들에게는 최대한 세심하게 반응해줘야 합니다. 공부하면서 어려운 점은 없었는지, 답답하거나 짜증 나지는 않았는지 등 대화를 통해 확인해주세요. 그리고 아이가 너무 스트레스를 받는다면 종종 공부량을 줄여주는 것도 필요합니다. 어쩌면 이 부분이 조금 어려울 수도 있어요. 비순응형 아이들은 자신의 요구와 욕구를 바로바로 표현하는데, 순응형 아이들은 꽁꽁 감춰뒀다가 많이 쌓인 후에야 표현하니까요. 그래서 민감하게 아이의 감정을 살피는 일이 중요합니다. 아이의 표정 하나, 목소리 하나에서 불만족한 부분을 찾아내야 하니까요. 어렵긴 해도 민감하게 반응해주고 공부하면서 힘든 점을 부모가 알아준다면 아이도 스트레스 없이 공부할 수 있을 것입니다.

📖 비순응형 아이를 대하는 방법

비순응형 아이를 공부시키려면 공부 컨디션을 최상으로 끌어올려줘야 합니다. 일단 기분이 좋지 않으면 그 기분 그대로 쭉 가는 경우가 많거든요. 10분이면 풀 수 있는 연산 문제지를 화내느라 끙끙대면서 1시간까지 끌고 가는 경우도 있지요. 1시간 동안 문제를 풀기보다는 짜증을 내고 엄마 아빠와 말씨름을 하는 데 더 많은 시간을 보냅니다. 그럼 비순응형 아이는 어떻게 대해야 할까요?

① 미리 규칙을 만드세요

비순응형 아이들은 마음의 중심에 원칙이 있습니다. 그래서 어떤 일이 일어나면 그 원칙에 따라서 행동을 하지요. 부모와 갈등을 겪는 가장 큰 이유는 그런 원칙에 따라 봤을 때 뭔가 맞지 않기 때문인 경우가 많아요. 그래서 비순응형 아이와 갈등을 피하려면 미리 규칙을 만드는 것이 중요합니다. 아이와 함께 대화하며 아이가 주도적으로 규칙을 만들고, 갈등이 생겼을 때 그 규칙을 근거로 이야기를 하면 오히려 일이 쉽게 풀릴 가능성이 커지거든요. 평소에 자주 부딪히는 문제가 있다면 아이와 함께 편안한 시간에 이야기하며 규칙을 만드세요. 그러면 생각보다 쉽게 문제가 풀리는 상황을 목격할 수 있습니다.

② 아이가 무언가를 원할 때는 들어주세요

기본적으로 무언가를 원하는 욕구가 강한 아이들. 공부할 때도 자기가 원하는 대로 하고 싶어 하는 경우가 많습니다. 만약 그날의 전체적인 공부 분위기를 흐리는 것이 아니라면 어느 정도는 융통성을 발휘할 필요가 있어요. 그래야 아이가 자신이 무언가를 통제한다는 기분을 느끼게 되고, 그럴 때 전보다 더 부드럽게 부모의 말을 들을 테니까요. 커다란 틀을 위배하지 않는 자잘한 틀의 융통성을 비순응형 아이들에게는 보여줘야 합니다.

③ 고집이 통하지 않는다는 사실을 알려주세요

자신의 의견을 관철하기 위해서 혹은 원하는 것을 얻기 위해서 비순응형 아이들은 고집을 부릴 때가 많습니다. 물론 갈등을 피하려면 아이가 원하는 것을 해줘야 하겠지요. 그러면 아이는 고집에는 힘이 있다는 사실을 알게 되고, 그다음부터는 더 큰 고집으로 부모를 당황하게 하기도 합니다. 그러니 아이가 고집을 부린다면 무관심을 보여주세요. 고집을 부리고 떼를 쓰는 방법이 아무런 관심을 얻지 못한다는 사실을 경험적으로 알게 되면 고집의 빈도와 강도는 점점 줄어듭니다.

④ 상대방의 입장을 고려하게 해주세요

누군가 자신을 건드렸다고 느끼는 순간, 아이는 부모와 갈등을 일으킬 수 있습니다. 문제는 '건드렸다'라는 느낌이 지극히 주관적이라는 사실이지요. 아이와 이야기책을 읽을 때 여러 가지 상황에 알맞은 대화를 나눠보세요. 그 상황에서 주인공이 왜 그런 선택을 했는지, 아이가 주인공이었다면 어떤 선택을 했을지 함께 이야기를 나누면 좋습니다. 사람마다 각자가 가진 원칙과 기준이 다를 수 있음을 대화를 통해 체득하게 해주세요.

⑤ '너와 같은 편이다'라는 느낌을 받게 해주세요

아이와는 '남의 편'이 되지 말아야 합니다. 철저히 내 편이 되어야 하지요. 내 편으로 만드는 것을 교육학에서는 '라포 Rapport'를 형성한다고 합니다. 라포는 18세기 후반 독일의 의사 프란츠 안톤 메스머 Franz Anton Mesmer가 최면 치료에서 치료자와 피치료자 사이에 생기는 공감 관계를 나타내기 위해 처음으로 사용했습니다. 요즘에는 교육과 상담 분야에서 널리 쓰이고 있지요. 라포를 형성하는 것, 한마디로 신뢰 관계로써 공감대를 가져야 가능한 일이에요. 또 노력이 필요한 일이기도 하고요. 일단 다음의 4가지만 잘 신경 써도 비순응형 아이와 좋은 관계를 맺는 데 도움이 됩니다.

✎ 아이와 관심사를 공유하기

관심사를 잘 알고 공유하는 것, 아이와 가까워질 수 있는 가장 빠른 지름길입니다. 특히 남자아이들과는 운동을 같이하고 좋아하는 것을 주제로 이야기하면 좋아요. 남자아이들은 행동 지향적입니다. 친구와 같이 놀려고 축구를 하고 야구를 하는 것이 아니라, 축구를 하고 야구를 하기 위해서 친구랑 같이 놀거든요. 아이가 좋아하는 어떤 행동을 함께하는 것, 아이가 좋아하는 것을 지지하는 것, 이것이 남자아이들과 좋은 관계를 맺을 수 있는 효과적인 방법입니다. 물론 관계 지향적인 여자아이들과도 관심사를 공유해주세요. 아이가 좋아하는 것을 잘 파악해서 함께 좋아한다면 관계가 훨씬 돈독해질 것입니다.

✎ 아이의 이야기를 경청하고 존중하기

편안한 분위기에서 경청하는 일은 쉽지만 욱하는 상황에서는 그렇게 하기가 힘듭니다. 그럴 때는 다음과 같이 말하면서 이야기를 들어주세요.

> "지금 네가 화가 났다는 건 알겠어. 하지만 아빠(엄마)가 차분하게 이야기를 다 들어줄게. 그러니까 지금부터 천천히 무엇 때문에 화가 났는지 얘기해줘."

"그러면 대부분은 아주 차분해져요"라고 이야기하고 싶지만 그렇지는 않습니다. 대신에 화가 100만큼 난 상태였다면 80 정도까지는 화의 크기를 줄어들게 할 수는 있지요. 정말 차분해지는 아이가 있을 수도 있고요. 이렇게 자신의 이야기를 부모가 진심으로 들어준다는 느낌이 들면 횟수를 거듭할수록 아이가 차분하게 말해줄 확률이 높아집니다. 그렇게 되면 부모도 아이의 이야기를 들어줄 때 한결 편안함을 느끼겠지요.

🏷️ 아이의 특성을 관찰해서 반응하기

상황은 하나지만 그 상황에서 반응하는 아이의 모습은 제각 각입니다. 그래서 부모는 아이가 어떻게 반응하는지 유심히 관찰해야 해요. 그런 관찰로써 다른 상황에서 어떻게 행동을 할지 조심스럽지만 예측할 수 있으니까요. 물론 예측이 틀릴 경우도 있지만, 예측을 통해서 부모는 아이의 행동에 조금 더 부드럽게 반응할 수 있습니다. 부모가 아이에게 부드럽게 반응하면 아이는 부모로부터 지지받는다는 느낌을 얻게 되지요. 이러한 느낌은 부모와 아이 사이에 라포를 형성하는 밑거름으로 작용합니다.

🏷️ 아이의 실수를 지지하기

부모라면 누구나 아이가 실수하는 순간 '욱'하는 마음을 가질 수 있습니다. 지극히 정상적인 반응이에요. 당연히 힘들고, 화가 날 수도 있는 상황이니까요. 하지만 관점을 조금만 바꿔보면 부모는 아이를 조금 더 수용해줄 수도 있습니다. '지금 커가는 중이구나', '아직 성장하는 중이구나' 하는 마음으로 부모로서 아이를 어떻게 도와줄 수 있을지 고민을 해야겠지요.

아이는 종종 실수할 때가 있습니다. 의도치 않게 실수를 했는데, 혼나지 않고 의외의 친절을 경험한다면 아이는 어떤 기분을 느낄까요? 충분히 비난받을 만한 상황임에도 누군가 자신을 감싸주고, "그럴 수도 있지"라는 말을 해준다면 아이는 안정감을 느끼게 됩니다. 정서적인 지지를 느끼는 것이지요. '아, 이 사람은 내 편이구나' 하는 마음 말이에요. 아이를 지지해주는 작은 행동을 통해서 아이가 '엄마 아빠는 내 편'이라는 사실을 느낀다면 집은 아이에게 더없이 행복한 공간이 됩니다. 그렇게 되면 부모에게도 굉장히 이롭지요. 정서적인 지지를 받은 아이는 집 밖에서도 선생님 혹은 다른 사람에게 저항하거나 반목을 하게 될 확률이 줄어드니까요.

집공부를 할 때 왜 아이의 기질을 파악하는 일이 중요할까요? 부모가 아이의 기질을 알고 잘 맞춰주느냐 아니면 대립하느냐에 따라 아이가 공부를 대하는 정서가 달라지기 때문이에요. 똑같은 시간을 공부하더라도 짜증을 내면서 하는 것과 즐겁게 기꺼이 하는 것은 결과에서 많은 차이를 보입니다. 그래서 아이의 기질을 파악해서 맞춰주는 일은 중요해요. 특히, 아이가 비순응형이라면 말이지요. 아이가 갖고 태어난 기질은 복불복이지만 부모의 노력에 따라서 공부의 물꼬를 잘 틔워줄 수가 있습니다. 그럴 수 있도록 조금 더 세련된 방법으로 아이를 대했으면 합니다.

준비
준비와 정리는 공부의 기본

온라인 수업을 비롯해 아이들이 집에서 공부하는 모습을 관찰하다 보면 공통으로 나타나는 모습이 있어요. 필기를 하다가 "어? 지우개가 없네" 하면서 온 집 안을 돌아다니며 지우개를 찾습니다. 그렇게 지우개를 찾다가 시간을 허비했는데 바로 앉지는 않아요. 딴짓하면서 어느 정도 소일을 하다가 다시 책상으로 옵니다. 또 온라인 수업을 하다가 책을 펴요. 수학을 공부하는데, 온라인 수업 영상에서 "자, 여러분. 수학 익힘책을 풀어 보세요"라는 말이 나옵니다. 그런데, 아니나 다를까 수학 익힘책도 책상에 없어요. 사실 수학책도 없어서 여기저기 왔다 갔다 하며 겨우 찾아서 앉았는데 말이에요. 그렇게 수학 시간은 늘어만 갑니다.

온라인 수업도 그렇지만, 코로나19가 아니더라도 정말 집중해서 제대로 한다면 집공부에는 그렇게까지 많은 시간이 소요되지 않습니다. 해야 할 일은 하고, 하지 말아야 할 일은 안 한다는 전제하에 하루 2~3시간이면 충분히 할 수 있으니까요. 문제는 해야 할 일은 안 하고, 하지 말아야 할 일에 너무 많은 시간을 쓰는 상황입니다. 해야 할 일은 공부, 하지 말아야 할 일은 공부 외의 것이에요. 지우개를 찾아 돌아다니는 일, 수학 익힘책을 찾아 헤매는 일, 공부하다가 준비물을 찾아 허둥지둥하는 일… 공책을 써야 하는데 미리 준비하지 않았다면 당연히 제대로 공부할 수 없겠지요.

📖 준비 잘하는 아이가 공부도 잘한다

아이들이 집공부를 하든 온라인 수업을 하든 가장 먼저 갖춰야 할 기본기는 '준비'입니다. 제대로 준비한다면 공부하다가 무언가를 찾느라 쓸데없이 시간을 허비하지 않아도 되니까요. 아이들이 집중하는 시간은 절대 길지 않습니다. 한창 공부하다가도 아무렇지 않게 다른 데 관심을 두니까요. 그런데 준비가 제대로 되어 있지 않다면? 길지 않은 집중 시간이 더 짧아질 수밖에 없습니다. 그래서 공부를 시작하기 전에 미리 교과서, 공책, 학용품 등 준비물을 책상 위에 가지런히 놓아두는 일이 필요하지요.

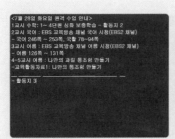

✎ (좌) 온라인 수업 내용과 준비물을 알려주는 알림장 앱.
  (우) 온라인 수업에 앞서 교과서, 활동지 등을 꼼꼼하게 준비한 모습.

학교에서는 온라인 수업을 하게 되면 그날그날의 과업을 하이클래스, 클래스팅, 아이엠스쿨 등의 애플리케이션(아래 '앱')이나 단체 카카오톡(아래 '카톡') 메시지 등으로 알려줍니다. 그렇기 때문에 아이들이 알림을 보고 스스로 준비할 수 있지만, 그런 아이들은 소수에 불과하지요. 어떤 면에서는 조금 버겁기도 하고요. 이럴 때 부모가 곁에서 도와준다면 아이는 훨씬 수월하게 준비할 수 있습니다. 그날의 할 일을 꼼꼼하게 살펴보고 아이와 함께 준비하는 것이지요. 맞벌이 가정이라면 출근하기 전에 미리 점검하는 것도 하나의 좋은 방법이 되겠지만, 대개 출근하는 아침은 굉장히 정신이 없습니다. 아침에 여유가 없다면 저녁에 그날의 온라인 수업을 마치고 나서 그다음 날

공부할 내용을 미리 준비하는 것도 좋은 방법이 될 수 있어요. 오늘 공부를 마무리하고 나서 내일 공부를 준비한 다음에 잠이 든다면 아이도 충분히 내일의 일을 머릿속에 그려볼 수 있을 테니까요.

✎ (좌) 온라인 수업만을 위한 책, 공책, 학용품 등을 따로 보관하는 북 카트.
(우) 온라인 수업을 효율적으로 하기 위한 컴퓨터 세팅.

온라인 수업만을 위한 책과 공책, 다른 준비물들을 별도의 책장에 놓아두는 것도 큰 도움이 됩니다. 한곳에 모아두면 준비하기 편하거든요. 기존 책장을 활용해 한두 칸을 비워서 온라인 수업 전용 칸을 만들거나 온라인 수업 전용 북 카트를 하나 마련하는 것도 좋습니다. 북 카트의 경우 이리저리 밀고 끌면서 다닐 수 있어 공부 장소에 구애받지 않거든요. 그리고 '온라인 수업만을 위한 전용 북 카트'라고 하면 아이들이 뭔가 산뜻하게 생각하더라고요. 편리하기도 하고요.

온라인 수업을 할 때는 되도록 컴퓨터를 이용하는 편이 좋습니다. 핸드폰으로 하면 화면이 너무 작아서 눈이 나빠질 수도 있고, 아무 데서나 볼 수 있어 자세가 나빠질 수도 있기 때문이지요. 부득이하게 핸드폰으로 온라인 수업을 진행해야 한다면 책을 겹겹이 쌓아두고 독서대에 놓아서 눈높이를 맞춰줘야 아이의 척추 건강을 지키는 데 도움이 됩니다. 컴퓨터나 태블릿도 마찬가지예요. 컴퓨터나 태블릿을 쓸 때도 아이가 너무 허리를 숙이지 않도록 장비 세팅에 신경을 써주면 좋습니다.

📖 학교에 제출할 결과물은 한곳에 모아둔다

"아빠, 수학 학습지가 없어요."

일주일에 한 번 있는 등교 수업. 학교에 가서 일주일 동안 온라인 수업을 진행한 결과물을 검사받아야 하는데, 학습지가 없다고 말하는 아이. 온 집 안을 이 잡듯이 뒤졌어요. 공부방 책상과 책장, 거실 책장, 식탁, 거실 책상, 심지어 소파 밑까지 말이지요. 그런데, 어디에도 없더군요. 아무리 찾아도 나오지 않는 수학 학습지. 어쩔 수 없이 아이는 그냥 학교에 갔습니다. 검사받을 때 찝찝한 기분이었겠지요. 그날 이후, 온라인 수업에서 사용한 학습지와 학교에 제출해야 하는 결과물은 꼭 한곳에 모아둡니다.

학교에 가져갈 준비물 챙기기. 매일 등교 수업을 한다면 크게 문제 되는 상황은 아닐 수도 있습니다. 그날그날의 숙제를 가방에 넣어서 가져가면 되니까요. 하지만 온라인 수업과 등교 수업을 병행하는 상황이라면 아이가 제출할 과제가 그만큼 많아지므로 잘 보관했다가 가져가는 일에도 신경을 써야 합니다.

✎ (좌) 온라인 수업에서 쓰는 학습지와 활동지를 모아두기에 편리한 L자 파일.
(우) 종이가 아닌 준비물을 따로 보관하기 편리한 미니 바구니.

학습지나 활동지의 경우에는 L자 파일에 차곡차곡 모아두면 등교 수업일에 과제를 제출하는 데 많은 도움이 됩니다. 그리고 만들기나 그리기처럼 부피를 차지하는 과제의 경우에는 미니 바구니를 하나 마련해서 모아두면 등교 수업 전날 "과제가 어디 있지?" 하면서 헤매는 일을 막을 수 있어요.

📖 공부하는 데 정리가 중요한 이유

온라인 수업을 하면서 다시 한번 정리가 정말 중요하다는 사실을 깨달았습니다. 퇴근하고 집에 와서 아이들의 공부를 봐주려고 하는데 마주한 상황은 이랬지요. 이런저런 물건들이 널브러진 책상, 레고를 비롯한 장난감들이 흐트러져 있는 방, 어질러진 거실… 가뜩이나 좁은 집이 더 좁아 보이더군요. 그래서 아이들 공부를 봐주려고 책상에 앉으면 짜증부터 나더라고요. 그전까지는 몰랐습니다. 단순히 공부를 봐줘야만 하는 상황때문에 짜증이 나는 줄 알았거든요. 그런데 곰곰이 생각해보니정리되지 않은 환경에서는 부모들도 스트레스를 받을 수밖에없더라고요.

그리고 정리를 해야 하는 또 다른 이유. 정리되지 않은 환경이 집중력을 해치기 때문입니다. 미국 프린스턴대학교에서 수행한 연구에 따르면 물건이 어지럽게 널린 환경은 집중력을 저하시킨다고 합니다. 뇌의 활동 상태를 살펴보면 여러 가지 물건으로 인해 발생하는 서로 다른 자극이 시지각 피질에서 경쟁하고 있기 때문이지요. 정리하기. 어떻게 보면 공부와는 전혀 상관없어 보이지만, 사실 집공부를 준비하는 가장 기본적인 활동이에요. 정리가 잘되어 있어야 공부할 준비도 깔끔하게 할 수 있으니까요. 당연히 준비가 잘되면 아이가 집중해서 공부할 확률도 높아집니다.

　정리가 공부의 기본이라는 사실을 깨닫고 나서 아이들과 집안 곳곳을 정리하기 시작했습니다. 확실히 다르더군요. 일단 기분이 달라지니 옆에서 공부를 도와주는 마음 자세도 자연스럽게 달라졌습니다.

📖 정리는 그때그때, 무조건 아이와 함께

　"정리를 잘해야 합니다"라고만 이야기하면 또 하나의 괴리가 생깁니다. 누가 모르나요? 정리가 중요하다는 사실을 말이지요. 문제는 아무리 하라고 해도 정리하지 않는 아이들을 보며 답답한 마음이 끓어오른다는 거예요. "정리하자." 한마디에 알아서 척척 정리하면 좋겠지만, 그런 동화 같은 일은 현실에서 거의 일어나지 않습니다. 물론 정리를 잘하는 아이들도 있겠지만, 보통은 딱 하나만 정리하는 일도 힘든 것이 사실이에요. 말만으로는 정리가 되지 않아요. 그래서 아이에게 정리를 하라고 할 때도 기술이 필요합니다. 하루에 한 번만 정리를 하면 어떨까요? 엄청 힘들 거예요. 책상에 이리저리 놓인 책, 바닥에 흩어진 물건, 방에 쏟아진 레고 더미… 온종일 어질러진 것을 한꺼번에 치워야 한다면? 아마도 청소 업체를 부르고 싶은 마음이 들 만큼 엄두가 나지 않겠지요. 그러므로 정리는 그때그때 할 수 있도록 도와줘야 합니다.

보통의 아이들은 저절로 정리하지 않아요. 심지어 정리의 필요성을 느끼지 못하는 경우도 있고요. 그래서 온라인 수업이 끝나거나, 장난감을 갖고 놀거나, 기타 아이들의 활동 중간중간마다 다음과 같이 말해주는 것이 중요합니다.

"공부한 것들 정리할까?"
"놀았던 거 정리하고 다른 거 할까?"

이렇게 말한다고 해도 당연히 저절로 정리하지는 않지요. 한 1분 정리하다가 또 놀고 싶어지거든요. 엄마 아빠가 거실에 있고 아이가 방에 있다면 방에서 놀게 될 가능성이 커요. 그래서 정리할 때는 부모가 아이와 '함께'해주는 것이 중요합니다. 하다못해 빗자루라도 하나 들고 바닥을 쓰는 척을 하면 아이는 혼자 정리할 때와는 다르게 열심히 해요. 바닥을 쓸면서 널브러진 장난감을 보며 "이거 혹시 버리는 거야? 지금 바닥 쓸 때 버리는 거면 같이 담으려고 하거든"처럼 이렇게 협박 아닌 협박도 하면서요. 여기에 "우아, 열심히 정리하는구나"라는 말로 추임새까지 넣어주면 아이가 더 열심히 정리하더라고요. 정리는 그때그때, 아이와 함께 이 2가지만 잘 기억해도 집공부가 한결 수월해질 겁니다.

책 읽기
집공부의 기초가 시작되는 곳

"선생님, 아이가 책을 안 읽어요."

"선생님, 아이가 만화책만 보려고 해요. 어떻게 하죠?"

상담 기간에 부모님들이 하는 단골 질문입니다. 책 읽기를 싫어하는 아이들이 그만큼 많기 때문이지요. 책 읽기는 아이들에게 글을 읽고 이해하는 능력인 '문해력'을 길러주는 최고의 수단이에요. 학창 시절의 공부가 교과서라는 책에서 시작된다는 사실을 생각하면 문해력은 공부에 있어 꼭 필요한 능력입니다. 책 읽기만 잘 이뤄져도 집공부의 반은 해결된 것이나 다름없어요. 글을 읽고 이해하는 능력이 제대로 갖춰진다면 하나를 가르쳐도 열을 아는 아이가 될 테니까요. 이전보다는 옆에서 공부를 봐주기가 수월해지겠지요. 하지만 아이들이 저절로 책 읽기를 좋아하게 되지 않는다는 사실은 부모들에게 고민거리일 수밖에 없습니다. 책을 읽고 싶은 환경을 조성해줘야 하고 그만큼 노력을 기울여야 하는 일이니까요.

초등 시기에는 책을 읽고 싶은 환경 조성에 신경을 써야 합니다. 그런데 대부분의 부모들이 물리적인 환경을 먼저 떠올려요. 당연히 물리적인 환경도 중요하지만, 그만큼이나 집안의 분위기 같은 정서적인 환경도 중요해요. 거실에서 TV 소리가 나면 아이들은 TV가 보고 싶어집니다. 스마트폰이 손에 있으면 스마트폰만 하고 싶지요. 혹은 컴퓨터나 게임기가 있으면 당연히 하고 싶겠지요.

📖 물리적인 환경 조성하기

일단 거실 한쪽에 책장을 들여놓고 아이가 직접 책을 고를 수 있게 합니다. 그리고 도서관에서 빌려온 책들은 아이의 발이 닿는 곳인 거실 한쪽 바닥에 놔두세요. 그럼 아이가 오며 가며 "이거 뭐지?" 하면서 한 번은 들여다볼 테니까요. 살짝 살펴보다가 관심이 생기면 그 자리에서 책장을 넘기기 때문에 부모도 흡족한 기분을 느낄 수 있어요.

아이가 책을 읽게끔 하기 위해 중요한 것은 심심하면 책 읽기가 1순위가 될 수 있도록 TV, 스마트폰, 게임 등을 최대한 멀리할 수 있도록 하는 것입니다. 그래야 책으로 관심을 옮길 수 있으니까요. 혹시 영어 때문에 거실에 TV가 있더라도 영어 영상을 시청하는 용도로만 쓰면 아이가 TV 프로그램을 보려고 하는 행동을 예방할 수 있습니다. 역시 습관이 중요하지요.

📖 정서적인 환경 조성하기

물리적인 환경만큼이나 정서적인 환경도 중요합니다. 정서적인 환경 1순위는 바로 부모의 책 읽기 습관이에요. 부모가 먼저 책 읽는 모습을 보여주면 아이들도 따라 읽습니다. '강요에 의해서' 책을 읽는 것이 아니라, 엄마 아빠가 읽으니까 자연스럽게 따라 읽는 '문화'로 자리 잡으니까요. 정말 이상적인 모습이지만 절대 쉽지 않습니다. 마치 본드로 붙인 것처럼 손에 딱 붙어 있는 스마트폰이 부모를 그런 모습에서 멀어지게 만드니까요. 최대한 아이들이 잠들고 나서 스마트폰을 사용하는 것이 좋겠지요.

그리고 초등 1~2학년의 경우에는 책 읽기 자체를 어려워하는 아이들도 있습니다. 물론 초등 3학년 이상에도 책 읽기를 싫어하는 아이들이 많지요. 그런데 이런 아이들도 엄마 아빠가 책을 읽어주는 것은 굉장히 좋아합니다. 그러니까 그럴 때는 그냥 읽어주세요. "네가 한 페이지를 읽으면 나머지는 아빠(엄마)가 읽어줄게"라는 말로 아이가 스스로 조금 읽게 한 다음에 나머지를 읽어주면 책에 흥미를 붙이기가 쉬워요. 혹은 그냥 20~30페이지 정도를 읽어줘도 괜찮습니다. 조금 힘들긴 하겠지만요. 부모가 읽어줄 때 책은 재미있는 이야기가 되기 때문이에요. 라디오에서 재미있는 이야기가 들려오는 것처럼 바로 옆에서 엄마 아빠가 이야기를 해주니까요. 얼마나 재미있겠어요? 이렇게 듣는 독서를 즐기게 되면 나중에는 알아서 찾아 읽게 되는 때가 옵니다. 조금 길게 봐야 한다는 건 비밀이자 함정이지만요.

📖 책 읽기를 싫어하는 아이의 경우

초등 3~4학년으로 어느 정도 두꺼운 책을 읽을 때가 되었는데도 아이가 책을 싫어한다면 비룡소의 '스토리킹 수상작 시리즈'를 추천합니다. 매년 공모를 통해서 수상작을 선정하는데, 심사 위원 중에는 약 100명 정도의 초등학생이 있어요. 초등학생 심사단 50%, 전문가 심사단 50%의 점수로 그해의 제일 재미있는 이야기를 선정하지요. 제1회 수상작 『스무고개 탐정과 마술사』부터 제7회 수상작 『귀신 감독 탁풍운』까지 아이가 재미있게 읽을 만한 이야기들이 많습니다. 이 시리즈를 추천하는 이유는 무엇보다 재미있기 때문이에요. 굳이 이 시리즈가 아니더라도 재미있는 책을 찾아서 아이에게 권하면 아이가 책 읽기를 즐기게 되겠지요.

✎ (좌) '잠수네 커가는 아이들' 사이트의 학년별 책 읽기 카테고리.
　(우) 같은 사이트에서 제공하는 추천 책 목록.

그러면 재미있는 책을 어떻게 찾을까요? 인터넷을 검색하면 쉽게 찾을 수 있는 초등학생 권장 도서 목록이 있습니다. 하지만 그런 목록에 있는 책은 한정적이라 많지 않아요. 게다가 아이들에게 재미없는 책이 있을 수도 있고요. '권장 도서'가 '재미있는 도서'는 아니니까요. 그렇기 때문에 후기를 찾아보고, 관련 커뮤니티에서 정보를 얻는 것이 좋습니다. 품이 조금은 들겠지만요. 그런 시간을 줄이고 싶다면 유료 사이트에 가입하는 방법도 있어요. '잠수네 커가는 아이들'이라는 사이트에 회원가입을 하면 책 목록이 나옵니다. 책마다 아이들의 반응을 담은 생생한 후기가 있어 재미있는 책을 고를 확률이 높아지지요. 유료 사이트라 부담은 되겠지만 아이들의 책을 고를 때는 간편합니다.

📖 아이가 만화책만 읽으려고 한다면

아이의 책 읽기는 어쩌면 만화책과의 전쟁일지도 모릅니다. 아이는 만화책만 읽으려고 하고, 엄마 아빠는 "만화책은 나중에 봐!"라고 말하니까요. 아이가 만화를 좋아하는 것은 어쩔 수 없습니다. 일단 현란하고 쉽게 읽히니까요. 거기에다 재미있기까지 합니다. 누군가 여러분에게 똑같은 영화를 "흑백으로 볼래요? 아니면 UHD 화질로 볼래요?"라고 묻는다면 뭐라고 대답할까요? 아마도 대부분이 UHD 화질로 본다고 하겠지요. 아이들에게 만화는 UHD 화질의 영화 같은 거예요.

문제는 아이들의 교과서가 흑백 영화라는 것이지요. 학창 시절 내내 교과서라는 텍스트로 공부를 해야 하는데, 교과서는 만화보다 지루합니다. 그래서 보기 싫어집니다. 만화에 익숙해지면 줄글로 된 텍스트를 이해하려고 하지 않아요. 현란한 이미지에 익숙해져서 딱딱한 텍스트가 눈에 들어오지 않으니까요. 그래서 아이의 만화책 읽기는 어느 정도 제어를 해줄 필요가 있습니다. 일주일에 1~2권만 읽게 한다든지, 줄글 책을 20권 읽으면 1권을 읽게 한다든지, 주말에 1~2권만 읽게 한다든지 하는 방식으로 말이지요. 이것 또한 아이와 충분히 이야기를 나누고 협의해서 규칙으로 만들면 좋습니다.

체크 리스트
자기 주도 학습으로 가는 지름길

집공부를 할 때는 아이에게 공부 주도권을 꼭 줘야 합니다. 공부 주도권을 주려면 물론 마음의 허용도 중요하지만, 아이가 적극적으로 자기 일을 할 수 있도록 장치를 마련하는 일도 중요하지요. 처음부터 알아서 잘하는 아이는 없으니까요. 공부 주도권을 위한 장치로는 체크 리스트가 가장 효과가 좋습니다. 아이가 자신이 할 일을 직접 눈으로 보고 확인하기 때문에 스스로 하는 힘을 키워줄 수 있거든요.

욕심 같아서는 아이에게 빈 종이를 준 다음에 알아서 할 일을 찾고 정리해서 체크 리스트를 만들라고 하고 싶습니다. 자기 주도 학습을 해야 하는 만큼 체크 리스트도 자기가 알아서 작성하면 얼마나 좋을까요? 하지만 처음부터 완벽할 수는 없는

법이지요. 당연히 체크 리스트도 차근차근 단계를 밟아나가야 합니다. 하나하나 해야 하는 항목이 담긴 체크 리스트를 아이에게 주면서 직접 확인하게끔 하는 거예요. 그러고 나서 아이가 어느 정도 할 수 있다면 스스로 하게 하면 되고요. 처음에는 포스트잇에 그날의 할 일을 적게 한 다음에 그것을 큰 종이에 붙여두는 방법도 괜찮습니다. 그러면 일주일 동안 자신이 무슨 일을 했는지 확인하면서 뿌듯함을 느낄 수 있으니까요.

📖 온라인 수업 체크 리스트

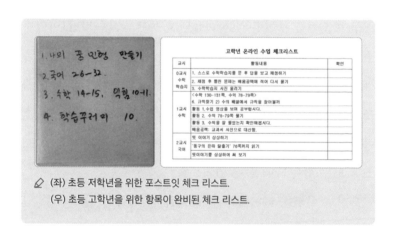

✏️ (좌) 초등 저학년을 위한 포스트잇 체크 리스트.
　(우) 초등 고학년을 위한 항목이 완비된 체크 리스트.

코로나19로 시작된 온라인 수업의 체크 리스트는 조금 복잡합니다. 매일매일 해야 하는 공부가 바뀌기 때문이에요. 매일 다른 부분의 진도를 나가니까 같을 수가 없어요. 온라인 수업을 위해 매일매일 할 일을 체크하는 것부터가 아이들에게는 커다란 산입니다. 무엇을 해야 하는지 확인하는 것조차도 사실은 힘든 일이니까요.

그래서 처음에는 아이들의 온라인 수업 콘텐츠를 확인하고 하나하나 짚어주면서 체크 리스트를 만들어주는 과정이 필요합니다. 아무리 꼼꼼한 아이라도 복잡한 할 일을 체크하는 것은 어려우니까요. 그래도 1~2학년의 경우에는 조금 단순한데, 3학년만 넘어가도 해야 할 일들이 워낙 많고, 학교에 따라서는 여러 개의 플랫폼을 사용하기도 해서 처음에는 적응하기가 힘듭니다. 그러므로 어느 정도 시간이 지난 후에 아이들이 직접 체크 리스트를 쓰도록 양식을 줘야겠지요.

아이가 혼자서 체크 리스트를 작성하더라도 빠뜨린 내용을 확인하는 과정이 필요합니다. 아침부터 집에서 봐줄 수 있는 가정이라면 그날그날 아침에 체크 리스트를 작성하면 되지만, 그렇지 않은 맞벌이 가정의 경우에는 전날 저녁에 다음 날 체크 리스트를 미리 작성해놓으면 좋겠지요. 아침에 봐줄 시간이 없으니까요. 온라인 수업 기간이면 대부분 학교에서는 전날에 다음 날 온라인 수업 콘텐츠 목록과 할 일을 제시합니다. 그렇기 때문에 저녁에 함께 앉아서 다음 날 할 일을 체크하면 아이도 부모가 없을 때 자신의 일을 알아서 하기가 조금 더 수월해지겠지요. 체크 리스트로 자기 할 일을 확인하고 정리하는 습관을 들이면 자기 주도 학습에 조금 더 가까이 다가갈 수 있습니다.

📖 집공부 체크 리스트

✎ (좌) 항목을 적어 넣은 체크 리스트.
　(우) 항목이 비어 있는 체크 리스트 양식.

집공부 체크 리스트는 조금 더 간편합니다. 매일매일 할 일이 정해져 있으니까요. 이를테면 책 1권 읽기, 수학 연산 문제집 2쪽 풀기, 일기 쓰기, 독서록 쓰기, 진도에 맞춰 문제집 풀기처럼 어느 정도 정해져 있기 때문에 체크 리스트를 만들기가 훨씬 편하지요. 집공부의 경우에는 매일 비슷한 일이 반복되기 때문에 굳이 아이가 스스로 체크 리스트를 만들기보다는 미리 체크 리스트를 만들어서 아이가 확인하게끔 하는 것이 좋습니다. 혹은 빈 양식을 주고 아이한테 채우라고 한 다음에 확인하는 것도 괜찮은 방법이에요.

체크 리스트로 자신의 과업을 확인하고 하나하나 항목을 지워나가면서 뿌듯함을 느끼게 해주는 일, 자기 주도 학습 습관을 공고히 하는 데도 많은 도움이 됩니다. 체크 리스트를 잘 활용한다면 아이는 어느새 자기 주도 학습을 알아서 하게 될지도 모릅니다. 체크 리스트 양식이 필요하면 아래 보이는 QR 코드를 스캔하세요.

노트 정리
집공부의 체계를 잡는 기술

"노트 정리는 어떻게 해야 해요?"

"노트 정리를 어떻게 도와줘야 할지 모르겠어요."

코로나19 이전의 부모들은 노트 정리에 대해서 별로 관심이 없었습니다. 일단 초등 교육 과정은 교과서가 중요하니까요. 교과서에 나온 문제를 주로 풀고, 교과서에 다 정리를 했기에 굳이 노트 필기를 하며 정리할 필요가 없었거든요. 그런데 온라인 수업이 시작되자 상황이 바뀌었습니다. 아이들이 학습한 결과에 대해 피드백을 해야 하는데, 그렇게 하려면 한눈에 볼 수 있도록 학습 결과가 정리되어 있어야 하기 때문이지요. 많은 학교에서 노트에 정리한 학습 결과물을 온라인 플랫폼에 올리도록 하기에 노트 정리는 온라인 수업에서 가장 중요한 요소로 급부상했습니다.

📖 온라인 수업 노트 정리는 학급의 방식대로

온라인 수업이 시작되고 2주가 지난 어느 날, 5학년인 첫째는 노트 필기 때문에 울었습니다. 혼자 방에 들어가서 한참을 울더군요. 이유를 물었더니 그동안 노트를 필기한 방식이 선생님이 이야기한 방식과 달라, 전체적으로 다시 해야 할 것 같아 속상해서 울었다고 하더라고요. 어쩔 수 없는 일이었지요. 그동안 노트 필기한 내용을 처음부터 다시 정리하기는 힘들어서 선생님에게 전화를 걸어 자초지종을 설명한 다음, 앞으로는 학급 방식대로 정리하도록 지도하겠다고 이야기했습니다.

학년마다 온라인 수업 결과물 제출 방식은 다릅니다. 1~2학년의 경우에는 노트 정리 대신 학습 꾸러미 결과물을 등교 수업일에 제출하지요. 보통은 3학년부터 노트 정리를 하는데, 학급마다 노트 정리 방식이 다양합니다. 어떤 학급에서는 노트 좌측에 선을 하나 그어 과목과 시간을 쓰고 나서 정리를 하게 하기도 하고, 어떤 학급에서는 선을 긋지 않고 과목별로 정리를 하게 하기도 해요. 그런가 하면 어떤 학급에서는 그날그날의 학습을 그림까지 그려가며 정리하게 하기도 하고, 어떤 학급에서는 오직 글자로만 정리하게도 하지요. 한마디로 노트 정리에는 정답이 없습니다. 학급의 방식대로 따라가면 그것이 정답인 셈이에요.

✎ (상) 선생님의 지시대로 쓴
온라인 수업 노트.
(하) 학습 목표를 중심으로
쓴 노트.

만약 학급에서 그날그날 노트에 정리해야 할 내용을 알려준다면 그것을 바탕으로 노트를 정리하게 하면 됩니다. 담임 선생님이 '제안하는 글을 쓸 때 들어가야 할 3가지 쓰기, 용수철 저울을 사용해 무게를 측정하는 방법 쓰기, 생존 수영에 대해 알게 된 점 쓰기' 등을 노트 정리 지시 사항으로 알려줬다면 아이가 그것을 노트에 정리하게끔 해주면 되지요. 비교적 간단하지 않나요? 만약 지시 사항이 없다면 온라인 수업 차시의 학습 목표를 중심으로 그 시간에 소화해야 하는 내용을 노트에 간략하게 정리해주면 됩니다. 예를 들어 5학년 1학기 수학 6단원 '다각형의 둘레와 넓이'에서 '평행 사변형의 넓이 구하기'를 공부했다면 노트에 평행 사변형이 무엇인지, 넓이를 어떻게 구하는지 정리하면 되겠지요. 노트에 정리한 내용이 학습 목표와 일맥상통한다면 비로소 노트 정리를 완수한 것입니다.

📖 코넬 노트 정리법

온라인 수업으로 급부상한 노트 정리의 필요성, 불행인지 다행인지 아이들은 이제 노트 정리를 잘하기 위해서 노력해야 하는 상황이 되었습니다. 사실 이러한 노력은 나중에 중고등학생이 되었을 때 비로소 제대로 빛을 발해요. 노트 정리 습관만 잘 갖춘다면 자신이 공부한 내용을 체계적으로 일목요연하게 기록해놓을 수 있으니까요. 수업 시간에 공부한 내용과 스스로 공부하는 시간에 알게 된 내용을 보기 좋게 기록해놓는다면 효율적인 복습도 가능해지고요. 그래서 아이들이 노트 정리를 할 때 몇 가지 팁을 알려주면서 연습하게 하면 많은 도움이 됩니다.

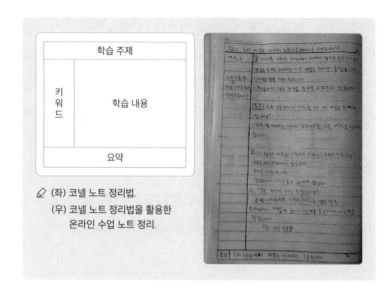

✎ (좌) 코넬 노트 정리법.
　(우) 코넬 노트 정리법을 활용한
　　 온라인 수업 노트 정리.

　노트 정리는 다양한 방법이 있지만, 대표적으로 코넬 노트 정리법이 있습니다. 1974년 미국 코넬대학교 월터 포크^{Walter} ^{Pauk} 교수가 발명한 노트 정리법이에요. 코넬 노트는 좌측에 줄을 하나 그은 다음, 노트를 크게 3등분해서 구획을 나눕니다. 위쪽 상단에는 학습 주제와 날짜, 중앙 왼쪽 부분에는 학습의 키워드, 오른쪽 부분에는 학습 내용을 필기하지요. 하단 부분에 그날 공부한 내용을 요약하면 코넬 노트 정리는 완성! 그런데 이것이 전부는 아니에요. 코넬대학교 학습 전략 센터에서 제시한 바에 따르면 기록하기^{Record}, 질문하기^{Question}, 암기하기 ^{Recite}, 성찰하기^{Reflect}, 복습하기^{Review}, 이렇게 5가지가 중요하다고 합니다.

◆ 코넬 노트 정리법의 핵심

① 기록하기
수업 시간에 학습 내용을 간단한 개조식 문장으로 씁니다.

② 질문하기
수업이 끝난 즉시 노트에 학습 내용에 관한 질문을 써봅니다. 질문하기는 의미의 명료한 인지를 도와주고, 학습 내용의 연관성이 드러나게 하며, 기억을 지속시키는 데 효과적이기 때문입니다. 또한 질문하기는 시험공부에도 최적의 조건을 만들어줍니다.

③ 암기하기
종이로 가리거나 써놓은 질문을 보면서 학습 내용을 크게 말합니다.

④ 성찰하기
"이 내용이 중요한 이유는 무엇인가?", "이 내용은 어떤 원리에 기초하는가?", "어떻게 적용할 수 있는가?", "앞에서 배운 내용과 어떻게 연관되어 있는가?" 등을 질문하며 스스로에게 답해봅니다.

⑤ 복습하기
매주 10분 이상을 노트를 보며 복습합니다. 그러면 시험공부를 할 때 많은 도움을 받을 수 있습니다.

어떻게 보면 노트 정리가 단순히 노트 정리만을 의미하지 않는다는 사실을 알 수 있습니다. 노트 정리 그 자체보다는 어떻게 정리하고 활용하는지가 더 중요하지요. 노트를 통해 학습 내용을 다시 돌아보는 과정도 중요하고요. 비단 코넬 노트 정리법이 아니라 다른 노트 정리법을 쓰더라도 학습 내용을 조직하고 재구성하는 시간이 필요하다는 사실을 알 수 있습니다. 아이가 공부할 때 노트 정리를 잘할 수 있도록 한 번쯤은 정리법을 가르쳐주는 것도 괜찮겠지요.

그렇다고 "반드시 지금부터 이렇게 해야 해요"라고 이야기하는 건 아닙니다. 이런 정리법도 있으니 여력이 된다면 한 번쯤 시도해보라는 의미에 더 가까워요. 그렇다고 1~2학년 아이에게 이런 방법을 시키면 무리예요. 기본적으로 노트 정리법은 다소 어렵기에 5~6학년 정도 되어야 한 번쯤 시도해볼 만한 가치가 있습니다.

평가
학력 격차를 줄이기 위한 최선의 방법

2020년 봄, 오랜만에 등교 수업을 시작하며 학교에서 가장 신경 썼던 부분이 하나 있습니다. 바로 '진단'이에요. 아이들이 그동안 온라인으로 공부했던 내용을 얼마나 잘 알고 있는지, 학습 내용을 내면화했는지 그것부터 파악해야 했지요. 당연히 학교에 온 첫날부터 시험지를 주고 평가하지는 않았습니다. 하지만 아이들이 수학 교과서를 펴고 문제를 풀 때, 국어 교과서를 펴고 문제를 하나하나 쓸 때, 교실 이곳저곳을 돌아다니며 아이들이 제대로 아는지 모르는지를 유심히 지켜봤어요. 다행히도 그동안 열심히 공부했던 아이들은 어느 정도 내용을 숙지했더라고요. 그런가 하면 반대의 경우도 참 많았습니다. 온라인 수업을 시작하면서 가장 걱정했던 부분인 '격차'를 맨눈으로 확인하던 순간이었지요.

2학년의 경우 1학기에는 십의 자리에서 십을 빌려와서 일의 자리에서 빼주는, 이른바 받아 내림이 있는 뺄셈을 할 수 있어야 합니다. 그런데 이 내용을 이해하지 못하는 아이들이 정말 많더군요. 일대일로 설명하고 가르쳐도 그동안 학습을 제대로 하지 않은 아이들은 이해하기 힘들어했습니다. 1학년도 마찬가지였지요. 덧셈과 뺄셈을 하는데, 가르기와 모으기를 제대로 못 하는 아이들이 많아서 1학년 선생님들도 고민이 많았습니다. 사실 이런 상황은 비단 1~2학년만의 문제는 아니에요. 고학년으로 올라갈수록 누적 학습량이 늘어나기 때문에 아이가 그때그때 온라인 수업을 제대로 소화하지 못한다면 등교 수업을 할 때도 학습 내용을 이해하기가 어려우니까요. 그래서 부모가 온라인 수업을 봐준다면 아이가 제대로 이해하고 있는지를 잘 살펴봐야 합니다. 수업의 결손을 막기 위해서 말이지요.

📖 실력 확인과 학습 공백 메우기

아이들의 이해도를 살피기 위해서는 평가를 해야 합니다. 온라인 수업을 봐줄 때 아이를 가르치는 일은 사실 크게 중요하지 않아요. 온라인 콘텐츠를 보면서 학습을 하니까요. 코로나19

이전에 학교에서는 평가를 자주 했습니다. 수행 평가, 서술형 평가를 통해서 아이들의 학습을 확인하고 다시 한번 피드백을 주기 위해서였지요. 학교에서 학습을 위한 과정 중에 평가는 필수 요소니까요. 수업→평가→피드백, 이처럼 3가지 과정을 통해 아이들은 자신의 실력을 확인하고, 부족한 부분을 채워나가는 기회를 가질 수 있었습니다. 하지만 등교 수업을 간헐적으로 하는 상황에서는 평가하고 피드백을 줄 수 있는 시간이 상당히 제한적이에요. 그래서 집공부를 봐줄 때는 평가를 통해서 아이들의 실력을 점검하는 일이 중요합니다. 중간중간 점검해주면 아이들도 자신이 무엇을 알고 모르는지를 확인하면서 공부를 할 수 있기 때문이지요. 평가의 순간은 자칫 커질 수 있는 학습 공백을 메우는 출발점이기에 특히 신경을 많이 써야 합니다.

📖 내려놓기를 위해서도 필요한 평가

부모는 아이와 함께 온라인 수업을 하며 자주 조바심을 느낍니다. 아이의 공부를 봐주기는 하는데 '제대로 하는 걸까?'라는 마음이 들어서지요. 그런 조바심으로 인해 융통성은 점점 희미해져만 갑니다. 아이가 흐트러지는 모습을 조금만 보여도 마음이 부글부글 끓어오르니까요. 그런데 사실 따지고 보면 아이들이 공부하면서 성취해야 할 학습 목표에만 제대로 도달해도 공부는 성공입니다. 물론 그 과정에서 태도가 조금 흐트러질 수도 있고 하기 싫다고 칭얼댈 수도 있겠지만요. 만약 아이가 제대로 하고 있다는 판단이 든다면 부모도 조금은 더 수용할 수 있다고 생각할 거예요. 그러면 어떻게 제대로 하고 있는지 아닌지를 판단할 수 있을까요? 정답은 바로 평가입니다. 평가는 내려놓기를 위해서도 필요해요. 아이의 학습이 제대로 이뤄졌다는 사실을 확신할 수 있으면 부모가 수용할 수 있는 범위도 넓어지기 때문이에요.

📖 피드백과 오답 노트

어느 주말, 4학년인 둘째가 나름대로 과학 단원 평가를 본 날이었습니다. 총 11문제 중에 5문제를 맞혔더군요. 반도 안 되는 정답률이었지만 아이는 문제를 엄청나게 빨리 풀면서 이렇게 말했습니다.

"거의 다 아는데, 하나만 헷갈려요."

아이들은 대부분 착각합니다. 아예 모르면서도 자기가 다 안다고 착각하기도 하지요. 채점하고 나서 틀린 문제를 보여주니

그제야 공부를 제대로 하지 않았다는 사실을 인정하는 둘째. 아이에게 다시 공부해야 할 부분을 알려주고 복습을 하라고 했습니다. 그러고 나서 풀지 않았던 다른 몇 문제를 골라서 다시 풀게 했지요. 그랬더니 처음보다는 훨씬 낫더라고요. 평가를 통해서 자기 실력을 객관적으로 보여주면 효과가 있어요. 이렇게 자기 실력을 눈으로 확인하면 조금 더 집중해서 공부하게 되거든요.

틀린 문제를 정리할 때는 오답 노트가 효과적입니다. 효율적으로 공부하려면 아는 것을 다시 공부하기보다는 모르는 것을 제대로 짚고 넘어가는 방법이 훨씬 나으니까요. 중고등학생들이 오답 노트를 만드는 이유도 같은 맥락이에요. 틀린 문제를 데이터베이스처럼 만들어놓으면 공부할 범위가 넓은 시험을 준비하며 시간에 쫓길 때 모르는 개념을 확실하게 다지면서 공부할 수 있거든요. 그래서 생각보다 부모들이 오답 노트에 관심이 많습니다. 종종 이야기를 나누다 보면 이런 질문을 자주 받곤 하지요.

"오답 노트를 꼭 만들어야 하나요?"

"오답 노트는 어떻게 만드나요?"

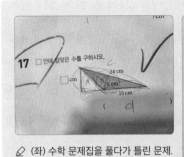

✎ (좌) 수학 문제집을 풀다가 틀린 문제.
(우) 틀린 수학 문제를 다시 한번
풀어본 오답 노트.

✦ 오답 노트 정리법

- 틀린 문제를 정리하기 전에 과목과 단원을 앞에 쓰도록 지도하세요. 나중에 오답 노트를 보면서 과목과 단원별로 자신이 몰랐던 문제를 파악하는 데 도움이 됩니다.

- 틀린 문제를 그대로 쓰는 것도 좋습니다. 만약 선다형 문제인데 지문이 너무 길다면 틀린 선택지만 쓰고 나서 왜 틀렸는지 파악하는 방법도 괜찮습니다.

물론 오답 노트는 중요합니다. 하지만 초등학생에게 필수는 아니에요. 초등 시기에는 큰 시험이 별로 없거든요. 가장 공부할 범위가 넓은 시험이 중간고사와 기말고사 같은 지필 평가인데, 이마저도 그리 범위가 넓지 않아서 준비하는 데 큰 무리가 없어요. 한번에 쭉 훑어보면서 시간을 절약해야 할 만한 상황이 아니기 때문에 오답 노트를 꼭 만들지 않아도 됩니다.

하지만 습관을 잡아주는 측면에서 어느 정도는 연습할 필요가 있습니다. 고기도 먹어본 사람이 잘 먹는다고, 오답 노트도 만들어본 아이가 잘 쓸 수 있어요. 초등학교 때 오답 노트를 조금이라도 정리하면서 공부한 아이가 중고등학생이 되어서도 정리를 잘하면서 공부할 가능성이 커지니까요. '오답 노트를 꼭 만들어야 한다'는 부담을 갖기보다는 '한 번쯤 해보면 좋겠지?'라는 마음으로 가끔이라도 한 번씩 정리할 수 있도록 도와주는 게 좋습니다.

평가를 통해 실력을 확인하고, 피드백을 통해 부족한 부분을 채우며, 오답 노트를 통해 오개념을 잡아가는 과정. 그런 과정을 통해 아이가 체계적인 공부 습관을 체득할 수 있다는 사실. 아이의 원활한 자기 주도 학습을 위해 꼭 기억하세요.

부모 마음
아이는 부모 하기 나름이다

　요새 잠이 든 아이의 얼굴을 물끄러미 바라보고 있으면 '코로나19만 아니었어도 학교에 잘 다니고 집에서도 예쁨만 받고 자랄 아이인데……' 하는 생각이 들어요. 코로나19로 인해 시작된 온라인 수업 때문에 정말 많은 것들이 달라졌습니다. 그중에서도 부모와 아이의 관계가 유독 많이 달라졌지요. 스트레스 때문에요. 부모도 스트레스를 받지만 아이는 더 힘들지도 모릅니다. 온라인으로 공부하는 일이 그리 쉽지는 않으니까요. 부모 마음에 제대로 성에 차지 않아서 혼낼 때도 많고, 아이가 공부하기 싫은 모습을 보일 때는 그게 싫어서 더 모질게 대할 때도 있거든요. 평소와 달라진 상황. 부모 어깨 위에 올려진 온라인 수업이라는 짐. 누구를 탓해야 할까요? 코로나19 때문에 벌어진 일들. 얼른 백신도 나오고 치료제도 나와서 상황이 종식되기만을 바랄 뿐이지요.

상황이 나아지기 전까지는 집에서 공부를 하는 시간이 많은데, 그것이 참 어렵습니다. 아이의 마음을 살살 달래면서 공부시켜야 하는데, 자칫 마음을 짓누르게 되기도 하니까요. 그래서인지 종종 아이의 자는 모습을 보면서 반성합니다. 분위기를 조금만 더 편하게 만들어도 아이는 잘 따라올 테니까요. 하지만 부모가 집에서 아이의 공부를 가르치는 일이 정말 어렵다는 것이 함정입니다. 엄마 아빠는 선생님이 아니니까요. 설령 엄마 아빠가 선생님이라고 해도 집에서 내 자식을 가르치는 일은 똑같이 힘듭니다. 아이는 엄마 아빠를 선생님으로 대하지 않아요. 엄마 아빠는 그냥 엄마 아빠일 뿐이니까요.

📖 다른 아이들도 다 그래

"내가 교사가 아니었으면 우리 애들을 엄청나게 혼냈을 것 같아. 공부시키는데 왜 그렇게 이해를 못 하는지… 정말 속이 터지더라고."

같은 학교에 근무하던 동갑내기 친구 교사가 이런 말을 한 적이 있어요. 초등학교에 갓 입학한 아들에게 한글을 가르치는데 글자 하나를 몰라 끙끙대는 모습을 보며 갑갑하다고 하면서요. 그런데 다행히도 같은 또래의 다른 아이들을 많이 봐서 마음은 답답하지만 '다른 아이들도 다 비슷하게 어려워하니까……'라는 생각으로 마음을 다스릴 수 있었다고 하더군요. 교실에서 아이들을 살펴보면 단번에 이해하는 경우는 별로 없습니다. 물론 그런 아이들이 종종 있긴 하지만, 보통의 아이들은 몇 번에 걸쳐서 설명하고 연습해야 겨우 학습 내용을 습득하지요. 그래서 집에서 아이들을 가르칠 때도 교실에서의 장면을 떠올리며 '그래, 모를 수도 있지' 하는 마음이 들까요? 솔직히 그렇지는 않아요. 그저 막막합니다. 단번에 알아들으면 좋겠고, 척척 이해하면 좋겠으니까요. 내 아이라서 욕심이 생기는 건 부모로서 어쩔 수 없는 일이에요.

교사로서 학부모님들과 이야기를 나눌 때 종종 우스갯소리를 합니다. 아이 공부를 봐주다가 얼굴이 붉으락푸르락해지면 '내 아이', 그렇지 않고 이성적으로 차분하게 봐주는 게 어렵지 않다면 '남의 아이'라고요. 이런 이야기를 하면 모두 하나같이 "내 아이가 맞네요"라고 하더라고요. 모두 내 아이의 공부를 봐주는 일을 어려워합니다. 다들 어려워하는 일이기에 힘든 것은 당연하지요. 하지만 마음속에서 부글부글하며 김이 올라오더라도 머릿속에서만큼은 냉정함을 찾았으면 합니다. '다른 아이들도 다 그래.' 이렇게 생각한다면 냉정함을 찾기가 조금 수월하지 않을까 싶어요.

📖 부모의 마음은 아이에게 그대로 전해진다

퇴근하고 아이의 온라인 수업을 봐주다 보면 종종 열이 뻗칠 때가 있습니다. '종종'이라고 써놓고 '자주'라고 읽게 되는 건 함정이지만요. 힘들게 일하고 집에 와서 온라인 수업을 검사하는데, 아무것도 되어 있지 않을 때는 정말 답답한 마음이 들어요. 그래서 아이에게 말 한마디를 해도 짜증이 묻어나올 때가 있습니다. 그럴 때 과연 아이가 '우리 부모님이 짜증을 내시니까 내가 열심히 해야겠다'라는 마음을 먹고 잘할까요? 그렇지 않아요. '흥, 짜증 내네. 나도 짜증 나거든' 하면서 똑같이 투덜대는 경우가 많지요. 짜증으로 시작하는 온라인 수업, 그런 날은 부모도 아이도 마음이 불편합니다. 그래서 쌓이지 않아도 되는 앙금 한 움큼이 마음속에 남게 되지요. 부모가 아이의 공부를 봐주면서 가장 신경 써야 할 부분은 서로의 관계를 잘 유지하는 일이에요. 공부하면서 서로의 마음에 상처를 주고받는 일이 자주 일어나니까요.

아이 공부를 봐주기 전에는 최대한 마음을 수양하세요. 아이의 공부를 봐주는 것은 마음이 엄청나게 일렁이는 일이거든요.

마음을 편하게 만들어주는 자녀 교육서 한 권을 손에 잡고 두세 페이지만 넘겨보세요. 2~3분 정도 집중해서 책을 읽는 것만으로도 일단 마음 자세가 달라집니다. 그리고 아이의 공부를 봐준 다음에 스스로에게도 보상을 해주세요. 김치 냉장고에 맥주를 준비해놓으면 어떨까요? 아이와 공부를 함께한 후에 맥주 한 캔을 시원하게 넘기는 느낌, 그 느낌은 무엇과도 비교할 수 없을 만큼 짜릿할지도 모릅니다.

책을 읽으면서 한 번쯤 다잡은 마음, 아이의 공부를 봐준 다음에 얻게 될 기분 좋은 보상. 이렇게 2가지가 있다면 아이의 공부를 봐주는 일이 그렇게 힘들지만은 않을 거예요. 밝은 마음으로 분위기를 부드럽게 가져가면 아이의 태도도 조금은 달라집니다. 아주 고분고분하게 공부하지는 않더라도 어느 정도는 들어주는 태도를 보일 테니까요. 그리고 기억하세요. 공부를 봐줄 때는 어느 정도의 수용도 필요하다는 사실을요. 아이도 온라인 수업이 쉽지 않습니다. 집은 놀고, 쉬고, 밥을 먹고, 자는 공간인데, 그런 공간에서 몇 시간을 온전히 공부하기란 당연히 어렵겠지요. 일단 그 어려움을 부모가 헤아려준다면 아이가 투덜대고 하기 싫어하는 모습을 보이더라도 조금은 더 허용해줄 수 있을 테니까요.

아이와 온라인 수업을 함께하면서 많이 느낍니다. 부모가 친절하게 대하면 아이도 그 분위기를 따른다는 것을요. 답답해서 열받고 소리 지르고 싶고 화내고 싶어도 그 순간, 목으로 올라오는 화를 꿀꺽 삼키는 게 얼마나 중요한지 알 것 같습니다. 아이를 바라보는 눈빛과 목소리 톤도 마찬가지예요. 부모가 마음을 다잡고 아이를 대하면 아이도 충분히 그 노력에 반응합니다. 매일매일은 별 차이가 없어 보여도 한 달, 두 달 장기적으로 본다면 분명 많은 차이가 나겠지요. 마음 다잡기, 부모가 아이의 공부를 봐줄 때 제일 선행되어야 하는 일입니다.

학년마다 아이들이 배우는 내용과 부모들이 고민해야 하는 포인트가 조금씩 달라집니다. 아이들의 수준이 연령에 따라 달라지기 때문이지요. 아이들이 학년별로 어떤 내용을 공부하는지를 알면 집공부를 봐줄 때 조금 더 체계적으로 도와줄 수 있어요. 학년에 따라 달리 고민해야 하는 요소들을 파악하면 조금 더 수월하게 집공부 습관을 잡아줄 수도 있고요. 이번 챕터에서는 학년별 학습 내용과 집공부 포인트를 큰 맥락에서 살펴봅니다.

초등 학년별
집공부 방법

초등 저학년(1~2학년)
매일 같은 시간, 같은 장소가 중요하다

　초등 1~2학년은 어떤 시기일까요? 1학년은 학교에 적응하고 교과에 대한 개념을 차근차근 쌓아가는 시기입니다. 2학년은 1학년의 연장선상에서 학교생활을 영위하며 똑같은 교과를 배우는 시기지요. 1~2학년은 교과서와 배우는 과목이 똑같거든요. 국어, 수학, '봄, 여름, 가을, 겨울' 교과서로 배우는 통합 교과, 그리고 '안전한 생활' 교과서로 배우는 창의적 체험 활동. 1~2학년 교과서를 살펴보면 학습 내용이 그리 많지 않다는 사실을 알 수 있어요. 국어의 경우에는 한글을 잘 읽고 쓰고, 그림 일기와 일기처럼 간단한 글을 쓸 수 있는 정도가 학습 목표이며, 수학의 경우에는 기본적인 더하기, 빼기, 곱하기를 할 수 있으면 학습 목표를 어느 정도 성취한 것입니다. 학습량이 많거나 너무 어렵지는 않아요. 이렇게 말하니까 쉬워 보이지만 그런 1~2학년 공부조차도 매일매일 실랑이를 해야만 할 수 있다는 것은 함정이지요.

아이의 공부를 봐주는 일은 정말 어렵습니다. 말로는 표현이 안 될 만큼 말이지요. 학습량이 적은데도 불구하고 어려운 이유는 공부 습관을 잡기가 꽤 힘들기 때문이에요. 한창 놀고 싶은 나이 8살, 9살. 밖에서 친구들과도 어울려 놀고 싶고, 집에서도 재미있는 무언가를 찾아서 즐겁게만 지내고 싶은 나이의 아이들. 그런 아이들을 책상 앞으로 끌고 와서 가만히 앉아 있게끔, 그래서 무언가를 끼적이게끔 하는 일은 절대 쉽지 않습니다. 이론적으로는 가능할 수도 있지만, 실전에 맞닥뜨리면 '화내지 말자', '부드럽게 대해주자' 아주 비장한 각오를 거듭하더라도 어느새 얼굴이 붉으락푸르락해지지요.

📖 초등 1~2학년, 습관이 가장 중요하다

쉬워 보이는 1~2학년 공부를 봐주는 데 힘이 드는 이유, 바로 습관을 잡아주기가 그만큼 힘들다는 방증입니다. 습관은 무의식적으로 내면화된 일련의 행동 양상이에요. 자기도 모르게 습관적으로 무언가를 할 때, 우리는 그 상황을 의식하지 않지요. 자동차 운전하기, 설거지하기, 아침에 일어나서 출근 준비하기 등 우리가 일상적으로 아무 생각 없이 하는 행동, 바로 습관적으로 무언가를 하는 것이에요. 습관적인 무언가를 내면화하는 시기, 그 시기가 바로 1~2학년이라는 사실을 부모는 유념해야 합니다.

습관은 참 무섭습니다. 좋은 습관을 들이면 수월하게 차곡차곡 일상을 쌓아가는 힘이 되는데, 그렇지 않으면 매일의 일상이 힘들고 어려워지거든요. 그래서 아이에게 어떻게 하면 좋은 습관을 들여줄 수 있을지 많은 고민을 해야 합니다. 습관을 뜻하는 영어 단어 '해빗Habit'은 라틴어 '하비투스Habitus'에서 유래되었어요. '하비투스'가 가진 습관의 의미는 수도사들이 입는 옷에서 파생되었다고 하고요. 매일 똑같은 시간에 일어나서 기도하고 일하는 일상을 반복했던 수도사들. 그런 수도사들처럼 습관도 일정하게 무언가를 해나가는 것이니까요. 수도사들의 옷처럼 좋은 습관은 아이에게 멋진 옷이 되지 않을까요? 조금은 힘이 들더라도 부모가 아이의 습관을 잡아줘야 하는 이유입니다.

1~2학년이더라도 아이에게는 매일매일 공부해야 할 분량이 있습니다. 연산 1~2쪽, 책 읽기, 받아쓰기, 일기 쓰기 등 아이가 30분에서 1시간 정도 집중하면 해낼 수 있는 분량의 일을 잘할 수 있도록 부모가 도와줘야 해요. 그런 의미에서 같은 시간,

같은 장소에서 규칙적으로 공부하는 습관을 1~2학년 때 잡아 주는 것이 중요합니다. 하지만 그 과정에서 아이와 갈등이 많이 일어나지요. 아이는 하기 싫어하고, 부모는 습관을 잡아줘야 하니까요. 갈등 상황에 맞닥뜨리면 '이렇게까지 해야 하나?' 하면서 포기하고 싶은 마음도 듭니다. 그래도 부모로서 아이에게 좋은 습관을 꼭 잡아줘야만 한다고 생각하세요. 그걸 잡아주려고 힘든 것이니까요.

📖 습관만큼이나 중요한 노는 시간

부모는 아이가 공부하도록 옆에서 도와줘야 합니다. 하루에 1~2시간 정도는 공부할 수 있도록, 그래서 나중에 중고등학교에 가서도 힘들지 않게 공부할 수 있도록 습관을 잡아줘야 하지요. 기본 실력을 키워주는 것은 당연하고요. 그런데 아이러니하게도 가장 기본 중의 기본은 아이의 노는 시간입니다. 자기 마음대로 하고 싶은 것을 하고, 놀고 싶은 만큼 놀게 해줘야 공부도 할 수 있거든요. 가끔 아이들의 공부를 봐주다가 스스로 묻곤 합니다.

'아이들은 행복할까?'

사실 제일 중요한 문제예요. 아이의 행복. 아무리 공부를 잘하고 뛰어난 아이라도 행복하지 않다면 삶에 만족하기 힘드니까요. 2018년 경제협력개발기구(아래 'OECD')의 국제학업성취도평가(아래 'PISA') 결과를 살펴보면 부모로서 괜히 긴장됩니다. 학업 성취에 관한 항목을 보면 우리나라 아이들이 그래도 상위권이에요. 읽기, 수학, 과학에서는 71개국 중에 10위 안에 드니까요. 그런데 삶의 만족도 항목을 보면 암담합니다. 만족도 지수의 OECD 평균이 7.04인데, 우리나라 아이들은 6.54예요. 등수로 따지면 71개국 중에 65위. 한마디로 결과를 요약하면 '공부는 좀 하지만, 행복하지는 않아'지요.

아이를 공부하게 하려면 일단 노는 시간부터 확보해줘야 합니다. 그래야 행복하게, 억눌림 없이 자랄 수 있으니까요. 코로나19 때문에 어렵긴 하지만 마스크를 쓰고서라도 바깥 활동을 할 수 있도록 신경 써주고, 여의치 않다면 집 안에서라도 재미있게 놀 수 있도록 자유 시간을 보장해줘야 하지요. 컴퓨터 게임과 스마트폰이 아닌, 자기 마음대로 무언가 할 수 있는 시간을 줘야 합니다. 아이가 누리는 시간은 부모의 시간이 아니기 때문이에요. 충분히 숨통을 틔워주고 나서야 부모는 아이에게 '공부'라는 두 글자를 말할 수 있는 자격을 가질 수 있어요. 아이가 부모에게 "하루 종일 일해서 돈만 많이 벌어 오세요", 이런 말을 건넨다면 어떨까요? 아마도 굉장히 속상하겠지요. 아이도 똑같습니다. "너는 열심히 공부만 해." 이런 말을 하면 아이도 똑같이 속상할 거예요. 아이가 공부를 넘어 삶에도 의욕을 가질 수 있도록, 희망을 품을 수 있도록 노는 시간을 충분하게 주는 것이 중요합니다.

1~2학년 아이들이 습관과 노는 시간, 이렇게 2마리 토끼를 잡을 수 있도록 부모는 신경을 써야 합니다. 그리고 앞서 강조한 2가지는 비단 1~2학년뿐만 아니라 전 학년을 통틀어서도 신경 써줘야 하는 부분이라는 사실을 기억하세요.

📖 초등 1~2학년 과목별 핵심 학습 내용

국어과 핵심 학습 내용

학기	단원	학습 내용
	1. 바른 자세로 읽고 쓰기	바른 자세로 낱말을 읽고 쓰기
	2. 재미있게 ㄱㄴㄷ	자음자를 알기
	3. 다 함께 아야어여	모음자를 알기
	4. 글자를 만들어요	글자를 읽고 쓰기
1-1	5. 다정하게 인사해요	알맞은 인사말을 하기
	6. 받침이 있는 글자	받침이 있는 글자를 읽고 쓰기
	7. 생각을 나타내요	문장을 읽고 쓰기
	8. 소리 내어 또박또박 읽어요	문장 부호를 생각하며 글을 띄어 읽기
	9. 그림일기를 써요	겪은 일을 떠올려 그림일기를 쓰기
1-2	1. 소중한 책을 소개해요	자신이 좋아하는 책을 소개하기

1-2	2. 소리와 모양을 흉내 내요	소리와 모양을 나타내는 말을 바르게 읽기
	3. 문장으로 표현해요	자신의 생각을 문장으로 표현하기
	4. 바른 자세로 말해요	바른 자세로 자신 있게 말하기
	5. 알맞은 목소리로 읽어요	글을 소리 내어 읽기
	6. 고운 말을 해요	고운 말로 말하기
	7. 무엇이 중요할까요	중요한 내용을 확인하며 글을 읽기
	8. 띄어 읽어요	글을 바르게 띄어 읽기
2-1	1. 시를 즐겨요	인물의 마음을 상상하며 시를 읽기
	2. 자신 있게 말해요	여러 사람 앞에서 자신 있게 말하기
	3. 마음을 나누어요	마음을 나타내는 여러 가지 말을 알고 글에 나오는 인물의 마음을 말하기
	4. 말놀이를 해요	낱말의 소리와 뜻을 생각하며 여러 가지 말놀이하기
	5. 낱말을 바르고 정확하게 써요	알맞은 낱말을 사용해 마음을 전하는 글쓰기
	6. 차례대로 말해요	일이 일어난 차례를 생각하며 겪은 일을 이야기로 표현하기
	7. 친구들에게 알려요	글에서 주요 내용을 확인하고, 주변에 있는 물건 설명하기
	8. 마음을 짐작해요	글쓴이의 마음을 짐작하며 글을 읽기
	9. 생각을 생생하게 나타내요	꾸며주는 말을 사용해 생각이나 느낌을 자세하게 나타내기
	10. 다른 사람을 생각해요	듣는 사람의 기분을 생각하며 대화를 나누고 일기 쓰기
	11. 상상의 날개를 펴요	인물의 마음을 상상하며 이야기 읽기
2-2	1. 장면을 떠올리며	시나 이야기를 읽고 장면을 떠올리며 생각이나 느낌을 말하기
	2. 인상 깊었던 일을 써요	인상 깊었던 일을 생각이나 느낌이 잘 드러나게 글로 쓰기
	3. 말의 재미를 찾아서	말의 재미를 느끼며 말놀이하기
	4. 인물의 마음을 짐작해요	글을 읽고 인물의 마음을 짐작해 자신의 생각을 쓰기

	5. 간직하고 싶은 노래	겪은 일을 떠올려 시나 노래로 표현하기
	6. 자세하게 소개해요	주변 사람을 소개하는 글쓰기
	7. 일이 일어난 차례를 살펴요	인물의 모습을 상상하며 이야기를 듣거나 읽고, 일이 일어난 차례대로 말하기
2-2	8. 바르게 말해요	바른말로 대화하기
	9. 주요 내용을 찾아요	글을 읽고 주요 내용을 말하기
	10. 칭찬하는 말을 주고받아요	바르고 고운 말을 사용해 칭찬하는 말을 하고 칭찬하는 글을 쓰기
	11. 실감 나게 표현해요	인형극을 보고 실감 나게 역할극 하기

1학년 1학기 말부터 국어 교육 과정에서는 일기를 다룹니다. 간단한 그림일기부터 아이들이 직접 써보는 활동을 시작하지요. 이렇게 그림일기를 출발점으로 단계적으로 배워서 2학년 때 비로소 자기 생각이 드러나는 글쓰기를 하게 됩니다. 읽기, 쓰기, 듣기, 말하기. 4가지의 영역 중에 무엇 하나 중요하지 않은 것이 없지만, 글쓰기는 굉장한 노력이 필요한 일이에요. 그래서 특히 이 시기에 일기 쓰기를 통해서 아이들에게 글을 쓰는 연습을 충분히 할 수 있도록 기회를 준다면 국어 능력 신장에도 큰 도움이 됩니다.

수학과 핵심 학습 내용

학기	단원	학습 내용
1-1	1. 9까지의 수	9까지의 두 수의 크기를 비교하기
	2. 여러 가지 모양	직육면체, 원기둥, 구의 모양을 찾고 분류하기
	3. 덧셈과 뺄셈	두 수의 합이 9 이하인 덧셈하기 한 자리 수의 뺄셈하기
	4. 비교하기	구체물의 길이, 넓이, 무게, 들이 비교하기
	5. 50까지의 수	50까지 수의 순서를 알고 크기 비교하기
1-2	1. 100까지의 수	100까지 수의 크기 비교 및 수의 순서 알기
	2. 덧셈과 뺄셈(1)	두 자리 수의 범위에서 덧셈과 뺄셈하기
	3. 여러 가지 모양	□, △, ○ 모양을 찾고 그것들을 이용해 여러 가지 모양 꾸미기
	4. 덧셈과 뺄셈(2)	한 자리 수인 세 수의 덧셈과 뺄셈하기
	5. 시계 보기와 규칙 찾기	시계를 보고 몇 시, 몇 시 30분을 말하고, 모형 시계로 나타내기
	6. 덧셈과 뺄셈(3)	(몇)+(몇)=(십몇), (십몇)-(몇)=(몇)을 계산하기
2-1	1. 세 자리 수	세 자리 수의 크기 비교하기
	2. 여러 가지 도형	삼각형, 사각형, 원을 이해하고, 오각형, 육각형과 구별하기
	3. 덧셈과 뺄셈	두 자리 수의 범위에서 세 수의 덧셈과 뺄셈하기
	4. 길이 재기	1cm, 1m의 단위를 알고 길이를 측정하기, 어림하기
	5. 분류하기	주변 사물을 정해진 기준으로 분류하기
	6. 곱셈	실생활 상황을 통하여 곱셈의 의미 이해하기

	1. 네 자리 수	네 자리 이하의 수 읽고 쓰기
2-2	2. 곱셈 구구	곱셈 구구를 이해하고 한 자리 수의 곱셈하기
	3. 길이 재기	1m는 100cm임을 알고, 길이를 측정하고 어림하기
	4. 시각과 시간	시계를 보고 '몇 시 몇 분'까지 읽고 시간 사이의 관계 이해하기
	5. 표와 그래프	분류한 자료를 표와 그래프로 나타내기
	6. 규칙 찾기	물체, 무늬 배열에서 규칙을 찾고 여러 가지 방법으로 나타내기

1~2학년 수학의 학습 내용을 살펴보면 수와 친해져야 한다는 사실을 알 수 있습니다. 1~2학년을 통틀어 23개의 단원 중 수, 연산과 관련된 단원이 12개(앞선 표에서 음영으로 된 부분)나 되기 때문이지요. 그래서 1~2학년 때는 학교 진도에 맞춰 연산 문제집을 하루 1~2장은 꾸준히 풀도록 학습량을 정해주는 것이 좋습니다. 그런가 하면 많은 부모들이 이제 겨우 1~2학년 수학을 공부할 뿐인데 아이가 뒤처지지는 않을까 걱정하기도 합니다. 만약에 그렇다면 수학 익힘책을 잘 활용하세요. 수학 익힘책을 보면 어려운 문제가 한두 개 정도 있습니다. 수학 익힘책만 잘 풀어도 사실상 수학 공부는 반 이상 성공하는 셈이니, 조바심이 든다면 수학 익힘책을 펼쳐 아이한테 풀어보라고 하면 됩니다.

초등 중학년(3~4학년)
공부 내용을 집중 관리하고 잘게 나눈다

"온라인 수업에 미술이 있는 날은 미술만 3~4시간을 해서 너무 오래 걸려요."

"국어 한 과목 하는 데도 늘어져서 2시간이 그냥 가요."

"분명히 수업 중인데 집중을 못 하고 그냥 있어요."

온라인 수업을 하는 아이를 보며 답답함을 느끼는 부모들이 많습니다. 직업이 교사인 저도 집에서 아이 공부를 봐줄 때 그렇다는 것은 '안 비밀'이에요. 답답한 마음에 아이에게 짜증을 내기도 하는데, 그러면 아이도 짜증을 내기 때문에 온라인 수업을 하는 시간이 더 걸리지요. 그래서 마음을 잘 다스리는 일이 중요합니다. '그럴 수 있다.' 다섯 글자를 마음에 새겨야 하는 이유예요. 일단 마음가짐을 달리한 후에 무엇을 어떻게 해야 조금 더 효율적으로 집공부를 할 수 있을지 고민해야 합니다. 아무리 답답해도 방법은 있으니까요.

📖 늘어지는 과목은 집중 관리한다

학교에서 급식 시간에 아이들을 살펴보면 다양한 모습을 관찰할 수 있습니다. 맛있는 반찬부터 먹으면서 흐뭇한 웃음을 짓는 아이, 맛없는 반찬부터 먹으면서 맛있는 반찬의 즐거움을 기다리는 아이, 맛있든 맛없든 반찬을 깨작깨작 먹으면서 급식을 남기는 아이……. 온라인 수업을 하는 아이들의 모습도 급식 시간 아이들의 그것과 비슷합니다. 좋아하는 과목을 먼저 공부하면서 싫어하는 과목은 나중에 하는 아이, 싫어하는 과목을 먼저 하고 나중을 위해 좋아하는 과목을 남겨두는 아이, 좋거나 싫은 과목 없이 그냥 하기 싫어서 늘어져 있는 아이…….

아이들의 다양한 모습만큼 부모로서 신경 써주는 방법 또한 다양합니다. 온라인 수업을 할 때만이라도 시간표에 얽매이는 대신 아이가 먼저 하고 싶어 하는 과목을 존중해주세요. 사실 순서는 크게 중요하지 않습니다. 온라인 수업을 할 때 아이의 기호를 존중하면 공부 정서에도 좋거든요. 다만, 좋아하는 과목을 먼저 하든, 싫어하는 과목을 먼저 하든 아이가 특정 과목을 할 때 늘어지는 것만큼은 반드시 극복하도록 주의를 기울여야 합니다. 예를 들어 미술을 좋아하는 아이가 미술을 먼저 하면서 늘어지면 온라인 수업을 하는 전체 시간이 길어지게 됩니다. 반대로 미술을 싫어하는 아이가 미술을 싫어하는 나머지 너무 시간을 끌어도 온라인 수업을 하는 전체 시간을 길어지게 만들지요.

그래서 아이의 온라인 수업을 모니터하며 어떤 과목에서 늘어지는지를 확인하는 일이 중요합니다. 늘어지는 과목을 일부러 맨 마지막에 하게끔 유도한 다음, 먼저 끝낼 수 있는 과목부터 차근차근 끝내도록 하는 것이 좋아요. 그다음에 늘어지는 과목을 집중적으로 도와준다면 온라인 수업을 봐주며 일어나는 갈등 상황을 줄일 수 있게 되지요.

📖 3~4학년 공부가 유독 어려운 이유

3~4학년 아이들은 온라인 수업에 어려움을 느낄 가능성이 큽니다. 3학년이 되면 2학년 때와는 완전히 다른 교과 과정 때문에 혼란을 경험하거든요. 교과의 수가 국어, 수학 외에 사회, 과학, 음악, 미술, 체육으로 늘어나기에 심리적으로 압박감을

느끼기도 하고요. 일주일로 따지면 수업 시수가 두세 시간가량 더 늘어났을 뿐인데도 과목이 많아져서 그만큼 학습량 또한 많아졌다고 생각합니다. 물론 실제로도 학습량이 많기는 해요. 1~2학년 때는 활동 위주였던 교과 과정이 3~4학년 때는 그렇지 않으니까요.

3학년 아이들은 2학년 때보다 현저히 늘어난 학습량 때문에 학교에서 공부하는 데 어려움을 느낍니다. 그런데 이것을 온라인으로 하려니 얼마나 더 어려울까요? 3학년 아이의 부모라면 그런 상황을 충분히 이해해야 합니다. 4학년도 마찬가지예요. 3학년을 거쳤어도 4학년에게 공부는 여전히 어렵습니다. 과목은 3학년과 비슷해도 학습 수준이 높아졌기 때문이지요. 일단 수학이 어렵고, 과학과 사회에서 소화해야 하는 학습량이 4학년 입장에서는 매일매일 헐떡거리며 달리기를 하는 것과 비슷합니다. 이래저래 아이들도 힘들고 그걸 지켜보는 부모들도 힘든 상황이라 안타까울 뿐이에요. 3~4학년 시기, 공부를 어려워하는 아이들을 위해서는 학습 내용을 잘게 나누는 방법도 많은 도움이 됩니다.

📖 학습 내용을 잘게 나눈다

학교에서도 늘어지면서 무기력한 아이들을 볼 수 있습니다. 밥을 먹거나 쉬는 시간에 놀 때는 밝은 표정인데, 교과서만 펴려고 하면 얼굴이 시무룩해지는 아이들 말이에요. 그런 아이들을 유심히 살펴보면 '난 안 돼'라는 마음을 강하게 가진 경우가 많더라고요. 어려워 보이고, 할 수 없을 것 같다는 마음에 시작하기도 전에 지레 포기해버리지요. 온라인 수업을 하면서 아이의 모습을 한번 살펴보세요. 강도는 다르지만 지레 포기하는 아이의 모습을 종종 관찰할 수 있을 겁니다. 그럴 때는 아이에게 확신을 줘야 합니다. '너는 할 수 있다'라는 확신을 말이 아닌 행동으로 보여줘야 하지요. 아이의 힘에 부치는 커다란 수업 목표를 이해할 수 있는 덩어리로 잘게 나눠서 아이에게 제시하면 아이도 훨씬 편하게 느낄 거예요. 높은 계단을 조금 더 낮은 여러 개의 계단으로 만들어놓으면 올라가기 편한 것처럼 말이에요.

특히 3학년 2학기는 아이들이 수학 때문에 본격적으로 힘들어하는 시기입니다. 높은 계단 앞에 서 있는 것이나 마찬가지예요. 물론 그전에도 고비는 많아요. 덧셈을 잘 못 해서, 구구단을 잘 못 외워서 힘들고 짜증 나는 일들이 생기니까요. 하지만 3학년 2학기는 그 이상입니다. 이때부터 나눗셈이 나오거든요.

(두 자리 수)÷(한 자리), (세 자리 수)÷(한 자리)는 어른들이 보기에는 굉장히 쉬워요. '왜 이걸 못 하지?' 하는 생각까지 들 정도로요. 하지만 아이들은 왜 이걸 나눠야 하는지, 몫은 무엇이고 나머지는 무엇인지 개념을 잡는 것조차도 어려워합니다. 가르쳐주고, 또 가르쳐줘도 이해하지 못하는 아이들이 많거든요. 그럴 때 아이가 모르는 내용이 과연 무엇인지 파악하는 것이 중요합니다. 일단 파악을 한 다음에 아이가 해야 할 것을 조금씩 나눠서 목표를 제시해주세요.

예를 들어 아이가 나눗셈을 한다고 가정해볼게요. 아이가 내림과 나머지가 모두 있는 나눗셈 문제를 해결하는 데 어려움을 겪고 있다면 어떻게 해야 할까요? 일반적으로 나눗셈은 '① 내림도 없고 나머지도 없는 문제 해결 → ② 내림은 있지만 나머지는 없는 문제 해결 → ③ 내림도 있고 나머지도 있는 문제 해결'의 단계로 학습하게 됩니다. 만약 아이가 내림과 나머지가 모두 있는 문제를 해결하지 못한다면, 내림을 이해하지 못했거나 나머지를 어떻게 구하는지 모르는 것이겠지요. 아니면 둘 다 못 할 수도 있고요. 그래서 이런 경우에는 일단 아이가 문제를 푸는 과정을 확실하게 파악한 후에 차근차근 단계를 밟아나가게 하는 방법이 좋습니다.

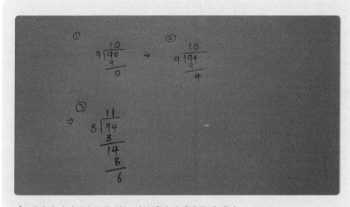

✎ 내림과 나머지가 모두 있는 나눗셈의 단계별 문제 제시.

목표를 잘게 나눈 다음에 문제를 풀게 하면 아이는 '어? 이게 되네?' 하는 성취감을 느낍니다. 하나씩 계단을 올라가면 결국에는 목표한 지점에 닿게 되니까요. 게임을 할 때도 처음부터 끝판왕을 깨기는 어렵습니다. 작은 적부터 해결하다가 끝판왕을 만나는 것이지요. 그렇기 때문에 끝판왕을 깨면서 희열을 느끼는 것이고요. 부모는 아이가 학습 목표라는 끝판왕을 무사히 깰 수 있도록 중간중간 보조 계단을 만들어줘야 합니다.

수학 문제 하나를 해결하는 데도 아이가 어려움을 느낀다면 부모는 꽤 많은 것들을 생각해야 합니다. 어디 수학 문제만이겠어요? 다른 과목들도 복잡하기는 마찬가지예요. 부모로서 내 아이를 가르친다는 것은, 내 아이에게 피드백을 준다는 것은 복잡한 일입니다. 하지만 단계별로 차근차근 아이에게 알려준다면 그렇게 어렵고 힘든 일만도 아니겠지요.

📖 초등 3~4학년 과목별 핵심 학습 내용

국어과 핵심 학습 내용

학기	단원	학습 내용
3-1	(독서 단원) 책을 읽고 생각을 나누어요	책을 끝까지 읽고 중요한 내용이나 인상 깊은 장면을 말하기
	1. 재미가 톡톡톡	감각적 표현의 재미를 느끼며 작품을 읽기
	2. 문단의 짜임	문단의 짜임을 생각하며 글을 읽기
	3. 알맞은 높임 표현	높임 표현을 사용해 언어 예절에 맞게 대화하기
	4. 내 마음을 편지에 담아	전하고 싶은 마음을 담아 편지를 쓰기
	5. 중요한 내용을 적어요	설명하는 말을 듣거나 글을 읽고 대강의 내용 간추리기
	6. 일이 일어난 까닭	원인과 결과를 생각하며 경험을 이야기하기
	7. 반갑다, 국어사전	국어사전을 활용하며 글을 읽기
	8. 의견이 있어요	글을 읽고 의견을 파악하기
	9. 어떤 내용일까	낱말의 뜻이나 생략된 내용을 짐작하며 글을 읽기
	10. 문학의 향기	재미나 감동을 느낀 부분을 찾으며 작품을 감상하기
3-2	(독서 단원) 책을 읽고 생각을 나누어요	책을 끝까지 읽고 중요한 내용이나 인상 깊은 장면을 말하기
	1. 작품을 보고 느낌을 나누어요	인물에게 알맞은 표정, 몸짓, 말투를 생각하며 작품을 감상하기

3-2	2. 중심 생각을 찾아요	글을 읽고 중심 생각을 말하기
	3. 자신의 경험을 글로 써요	인상 깊은 경험을 글로 쓰기
	4. 감동을 나타내요	감각적 표현의 재미를 느끼며 시나 이야기를 감상하기
	5. 바르게 대화해요	언어 예절을 생각하며 바르게 대화하기
	6. 마음을 담아 글을 써요	읽을 사람의 마음을 고려하며 자신의 생각을 글로 쓰기
	7. 글을 읽고 소개해요	자신이 읽은 글을 다른 사람에게 소개하기
	8. 글의 흐름을 생각해요	글의 흐름을 생각하며 내용을 간추리기
	9. 작품 속 인물이 되어	글을 읽고 인물의 말과 행동을 실감 나게 표현하기
4-1	(독서 단원) 책을 읽고 생각을 나누어요	책을 꼼꼼히 읽고 중요한 내용이나 인물에 대해 말하기
	1. 생각과 느낌을 나누어요	시나 이야기를 읽고 생각이나 느낌을 나누기
	2. 내용을 간추려요	글의 내용을 간추리기
	3. 느낌을 살려 말해요	자신의 생각과 느낌이 잘 드러나게 말하기
	4. 일에 대한 의견	사실과 의견을 생각하며 글을 읽고 쓰기
	5. 내가 만든 이야기	이야기의 흐름을 파악하며 이어질 내용을 상상해서 글쓰기
	6. 회의를 해요	회의 절차와 규칙을 알고 회의에 적극적으로 참여하기
	7. 사전은 내 친구	사전을 활용해 낱말의 뜻을 찾기
	8. 이런 제안 어때요	제안하는 글을 쓰기
	9. 자랑스러운 한글	한글의 우수성을 이해하고, 한글을 바르게 사용하기
	10. 인물의 마음을 알아봐요	만화를 보고 생각과 느낌을 나타내기
4-2	(독서 단원) 책을 읽고 생각을 나누어요	책을 꼼꼼히 읽고 생각이나 느낌을 말하기
	1. 이어질 장면을 생각해요	만화영화나 영화를 감상하고 이어질 내용을 상상하기

	2. 마음을 전하는 글을 써요	마음을 전하는 글을 쓰기
	3. 바르고 공손하게	대화 예절을 지키며 대화하기
	4. 이야기 속 세상	이야기의 구성 요소를 이해하며 글을 읽기
	5. 의견이 드러나게 글을 써요	문장의 짜임을 생각하며 의견을 제시하는 글쓰기
4-2	6. 본받고 싶은 인물을 찾아봐요	전기문을 읽고 인물의 삶을 이해하기
	7. 독서 감상문을 써요	책을 읽고 자신의 생각이나 느낌이 잘 나타나도록 글쓰기
	8. 생각하며 읽어요	글쓴이의 의견이 적절한지 생각하며 글을 읽고 쓰기
	9. 감동을 나누며 읽어요	작품에 대한 생각이나 느낌을 여러 가지 방법으로 표현하기

3~4학년 국어에는 1~2학년보다 심화된 내용이 등장합니다. 글 하나를 쓰더라도 짜임새 있게 쓰기를 요구하고, 책을 읽을 때도 어휘가 조금 더 어려워요. 그래서 3학년 1학기에는 국어사전 이용법을 배웁니다. 모르는 단어가 나올 때마다 아이가 직접 찾아보면 되거든요. 그리고 3~4학년 때는 부모가 아이와 함께 책을 읽으면서 맥락을 파악하도록 책과 관련된 대화를 나누면 좋습니다. 행간의 의미를 이해하는 능력을 키우려면 책을 읽고 다시 한번 생각하는 과정이 필요하기 때문이에요. 여기에 일주일에 한두 번 정도 독서록을 정리하면서 글 쓰는 연습을 하는 것도 많은 도움이 됩니다.

수학과 핵심 학습 내용

학기	단원	학습 내용
3-1	1. 덧셈과 뺄셈	세 자리 수 덧셈과 뺄셈의 계산 원리를 이해하고 계산하기
	2. 평면 도형	선분, 직선, 반직선, 각, 직각의 의미를 이해하기 / 여러 가지 모양의 삼각형과 사각형을 분류하고 직각 삼각형과 직사각형, 정사각형을 이해하기
	3. 나눗셈	묶어 세는 활동을 통해 나눗셈 이해하기 / 나눗셈의 몫을 곱셈식과 곱셈 구구로 구하기
	4. 곱셈	(두 자리 수)×(한 자리 수)의 계산 원리를 이해하고 문제 해결하기
	5. 길이와 시간	길이의 단위(mm, cm, m, km)와 시간의 단위(시, 분, 초)를 이해하고 표현하기 / 시간의 덧셈과 뺄셈하기
	6. 분수와 소수	분모가 같은 진분수의 크기 비교하기 / 한 자리 소수를 이해하며 쓰고 읽기
3-2	1. 곱셈	곱하는 수가 한 자리 수 또는 두 자리 수인 곱셈을 계산하기
	2. 나눗셈	(몇십)÷(몇), (몇십몇)÷(몇), (세 자리 수)÷(한 자리 수) 나눗셈의 몫과 나머지 구하기
	3. 원	원 그리기 / 원의 중심, 반지름, 지름을 알고 관계 이해하기
	4. 분수	진분수, 가분수, 대분수의 의미를 알고, 분모가 같은 수의 여러 가지 분수의 크기 비교하기
	5. 들이와 무게	l, ml, kg, g, t 단위를 알고, 들이와 무게의 덧셈 뺄셈하기
	6. 자료의 정리	표에 나타난 통계적 사실을 정리하고, 그림그래프로 나타내기

	1. 큰 수	억부터 천조까지 단위의 수를 이해하고, 큰 수 비교하기
4-1	2. 각도	각의 단위를 측정하기 / 삼각형의 세 각의 합이 180°, 사각형의 네 각의 합이 360°임을 이해하기
	3. 곱셈과 나눗셈	(세 자리 수)×(두 자리 수), (세 자리 수)÷(두 자리 수) 곱셈식과 나눗셈식 계산하기
	4. 평면 도형의 이해	구체물이나 평면 도형의 밀기, 뒤집기, 돌리기 활동을 통하여 변화를 이해하기
	5. 막대그래프	실생활 자료를 수집하여 막대그래프로 나타내기
	6. 규칙 찾기	계산식의 배열에서 규칙 찾기
4-2	1. 분수의 덧셈과 뺄셈	분모가 같은 분수의 덧셈과 뺄셈의 계산 원리를 이해하고 계산하기
	2. 삼각형	이등변 삼각형, 정삼각형, 직각 삼각형, 예각 삼각형, 둔각 삼각형의 정의와 성질을 이해하기
	3. 소수의 덧셈과 뺄셈	소수 두 자리 수의 범위에서 소수의 덧셈과 뺄셈 계산하기
	4. 사각형	수직과 수선을 이해하기 / 여러 가지 사각형의 성질을 이해하기
	5. 꺾은선 그래프	꺾은선 그래프의 의미와 꺾은선 그래프로 나타내는 방법 알기
	6. 다각형	다각형과 정다각형의 의미를 이해하고 다각형으로 이루어진 조각으로 여러 가지 모양 만들기

1~2학년 때 아이들은 덧셈, 뺄셈, 곱셈과 씨름을 합니다. 그러고 나서 3학년이 되면 한 단계 더 나아가 나눗셈을 배워요. 나눗셈부터 어려워하는 아이들이 하나둘씩 나타납니다. 뒤이어 분수를 배울 때는 어려워하는 아이들이 더 많이 늘어나지요.

나눗셈과 분수는 슬기로운 수학 생활을 이어나가는 데 첫 번째 장애물이 될 가능성이 큽니다. 그리고 4학년에 나오는 소수도 아이들에게는 생소한 수 개념이기 때문에 소수를 배울 때는 복습에 신경을 많이 써야 해요. 수의 영역뿐만 아니라 도형 영역에서도 원, 평면 도형, 삼각형, 사각형의 성질과 수직, 수선 등의 개념이 나올 때 아이들이 확실하게 짚고 넘어갈 수 있도록 역시 신경을 쓰면 좋습니다.

사회과 핵심 학습 내용

학기	단원	학습 내용
3-1	1. 우리 고장의 모습	장소감의 표현과 공유, 고장 내 주요 지형지물의 위치와 분포를 파악하고 고장의 실제 모습을 파악하기
	2. 우리가 알아보는 고장 이야기	고장의 옛이야기와 문화유산의 역사적 가치를 인식하고, 고장에 대한 자긍심 가지기
	3. 교통과 통신 수단의 변화	교통과 통신 수단의 발달 과정을 탐구하기 / 교통과 통신 수단의 발달이 우리 고장 사람들의 생활 변화에 끼친 영향을 파악하기
3-2	1. 환경에 따라 다른 삶의 모습	고장의 자연환경 및 인문 환경 / 고장의 환경과 생활과의 관계 / 환경에 따른 생활 모습
	2. 시대마다 다른 삶의 모습	옛사람들의 생활 도구와 주거 형태 및 생활 모습의 변화 / 옛날과 오늘날의 세시 풍속
	3. 가족의 형태와 역할 변화	옛날과 오늘날의 결혼 풍습과 가족 구성 / 현대의 다양한 가족 형태와 가족 구성원의 역할

4-1	1. 지역의 위치와 특성	지도의 기본 요소 / 중심지의 위치와 기능 및 경관 / 지역의 특성
	2. 우리가 알아보는 지역의 역사	우리 지역의 문화유산과 역사적 인물 / 우리 지역의 역사에 대한 자부심
	3. 지역의 공공 기관과 주민 참여	공공 기관의 종류와 역할 / 지역 문제와 주민 참여
4-2	1. 촌락과 도시의 생활 모습	촌락과 도시의 공통점과 차이점 / 촌락과 도시의 문제점과 해결 방안 / 촌락과 도시의 상호 의존 관계
	2. 필요한 것의 생산과 교환	자원의 희소성과 경제 활동에서 선택의 문제 / 시장, 생산, 소비, 지역 간 물자 교환 및 교통
	3. 사회 변화와 문화의 다양성	사회 변화, 문화 다양성의 확산과 그에 따른 문제 / 타 문화 존중

　　3~4학년 사회에는 우리 고장과 지역에 대해 알아보는 활동이 많습니다. 평소에 주변 지역에 관심을 갖고 고장과 지역의 문화유산, 지역의 역사에 관해 이야기를 나눈다면 사회 시간이 편하게 느껴질 거예요. 각 고장과 지역마다 관련 박물관이 있다면 한 번쯤 찾아가 간단히 답사를 해보는 것도 아이들에게는 많은 도움이 됩니다.

과학과 핵심 학습 내용

학기	단원	학습 내용
3-1	1. 과학자는 어떻게 탐구할까요?	과학적인 관찰, 측정, 예상 방법의 개념을 파악하고 실험하기 / 과학적인 분류, 추리 방법을 설명하고 과학적인 의사소통하기
	2. 물질의 성질	우리 주변의 여러 가지 물체와 물질의 다양한 성질 탐구하기 / 여러 가지 물질을 선택하여 연필꽂이를 설계하기
	3. 동물의 한살이	동물의 한살이를 관찰하기 / 여러 가지 동물의 한살이를 조사하고 설명하기
	4. 자석의 이용	자석에 붙는 물체와 붙지 않는 물체 분류하기 / 자석에 철로 된 물체가 붙는 모습으로 자석의 극을 찾고, 자석으로 나침반 만들기
	5. 지구의 모습	지구와 달의 모양과 표면의 특징 관찰하기 / 지구 주위를 둘러싸고 있는 공기의 역할을 예를 들어 설명하기
3-2	1. 재미있는 나의 탐구	탐구 문제를 정하고 탐구 계획을 세워보기 / 탐구를 실행하고 결과를 발표하기
	2. 동물의 생활	생활 환경과 특징에 따라 동물을 분류하기 / 동물의 특징을 활용한 로봇 설계하기
	3. 지표의 변화	흙의 생성 과정을 설명하고 여러 장소의 흙을 관찰하여 비교하기 / 강과 바닷가 주변 지형의 특징을 흐르는 물과 바닷물의 작용과 관련짓기
	4. 물질의 상태	우리 주변의 물질을 고체, 액체, 기체로 분류하기 / 고체, 액체, 기체와 관련된 실험하기
	5. 소리의 성질	소리가 나는 물체에는 떨림이 있음을 설명하기 / 소리의 세기와 높낮이 비교하기

4-1	1. 과학자처럼 탐구해볼까요?		여러 가지 감각 기관과 간단한 관찰 도구를 사용하여 변화 과정 관찰하기 / 과학적인 분류 기준을 정하여 대상을 여러 가지 단계로 분류하기
	2. 지층과 화석		여러 가지 지층을 관찰하고 지층의 형성 과정을 설명하기 / 퇴적암과 화석을 관찰하고 생성 과정 이해하기
	3. 식물의 한살이		식물의 한살이 관찰 계획을 세워 식물을 기르며 한살이 관찰하기 / 씨가 싹트거나 자라는 데 필요한 조건 설명하기
	4. 물체의 무게		용수철에 매단 물체의 무게와 용수철의 늘어난 길이의 관계를 조사하고 무게를 재는 원리 설명하기 / 수평 잡기 활동을 통해 무게 비교하기
	5. 혼합물의 분리		일상생활에서 혼합물의 예를 찾고 분리의 필요성 설명하기 / 알갱이의 크기와 자석에 붙는 성질을 이용하여 고체 혼합물 분리하기 / 거름 장치를 꾸미며 물에 녹는 물질과 녹지 않는 물질의 혼합물을 분리하기
4-2	1. 식물의 생활		여러 가지 식물을 관찰하여 특징에 따라 분류하기 / 식물의 생김새와 생활 방식이 환경과 관련되어 있음을 설명하기
	2. 물의 상태 변화		물의 세 가지 상태 알아보기 / 물이 상태가 변화할 때 부피와 무게가 변화함을 관찰하기 / 물의 상태 변화를 이용하는 예를 찾아보기
	3. 그림자와 거울		그림자가 생기는 원리를 설명하고 그림자의 크기 변화를 관찰하기 / 물체와 평면거울에 비친 모습을 비교하여 거울의 성질을 설명하기
	4. 화산과 지진		화산 활동으로 나오는 여러 물질을 설명하기 / 화산 활동으로 생성되는 암석들의 특징 비교하기

4-2	5. 물의 여행	물이 이동하거나 상태가 변하면서 순환하는 과정을 설명하기 / 물 부족 현상을 해결하기 위한 사례 조사하기

과학 교과는 '과학자처럼 탐구'하는 태도를 요구합니다. 과학자 같은 태도를 기르기 위해 3~4학년 과학 1단원에서는 '과학자는 어떻게 탐구할까요?', '과학자처럼 탐구해볼까요?'라는 제목으로 탐구 활동을 수행하지요. 여러 가지 현상과 주제를 과학적으로 관찰하고 예상하며, 때에 따라서는 탐구 계획을 세우기도 하고, 정확하게 측정하며 과학적 소양을 기릅니다. 아이들은 과학을 통해 지층도 관찰하고 식물의 한살이도 알게 되지요. 물체의 무게도 재보고 직접 저울도 만들며 혼합물도 분리하고요. 그리고 물의 상태 변화도 알아보고 물이 어떻게 순환하는지도 파악합니다. 학습 내용을 다룬 표를 한 번만 쓱 살펴봐도 아이와 함께 과학과 관련된 주제로 이야기 나누기가 수월할 것입니다.

초등 고학년(5~6학년)
시간 관리 기술이 성적을 좌우한다

5~6학년 아이들을 살펴보면 유독 자기 주도 학습 태도가 몸에 밴 경우가 있습니다. 그런 아이들은 수업 시간에 집중하는 태도도, 쉬는 시간에 노는 모습도 독보적이에요. 눈을 반짝이면서 공부에도 놀이에도 집중하는 모습을 보이거든요. 당연히 방과 후 시간도 효율적으로 활용합니다. 책을 읽거나 숙제를 하면서 자투리 시간을 의미 있게 보내지요. 스마트폰 게임을 하면서 유용한 시간을 흘려보내는 아이들과는 차원이 다르게 자신이 할 일에 집중하는 모습을 보입니다.

시간을 관리하는 능력은 차이를 만듭니다. 5~6학년 정도가 되면 교과목도 늘어나고 해야 할 일이 많아지지요. 그래서 자유롭게 활용할 수 있는 시간이 현저히 줄어듭니다. 방과 후 학교나 학원에 다니면 시간은 더 줄어들고요. 그러므로 집공부를 할 때 시간이 부족한 고학년 아이들에게는 시간 관리를 할 수 있도록 부모가 옆에서 적극적으로 도움을 줄 필요가 있습니다.

📖 시간대별로 한 일 점검하기

우리도 업무나 집안일을 하다 보면 '한 것도 없는데 벌써 시간이 이렇게 됐네……' 하는 때가 있습니다. 아이들도 마찬가지예요. 그래서 업무나 집안일을 마감할 때 시간대별로 무엇을 했는지 한 번쯤 점검해보는 과정이 필요합니다. 쉬는 시간도 없이 바삐 일했다면 '아, 그래도 열심히 했네' 하는 뿌듯한 마음을 느낄 수도 있고, 중간에 다소 집중하지 못했다면 '아, 다음에는 그냥 버리는 시간을 줄여야겠구나' 하면서 개선의 여지를 찾을 수도 있으니까요. 아이들에게도 자신의 하루를 돌아보게 하면 뿌듯한 마음을 느끼면서 '내일은 더 잘해보자'라는 의지를 심어줄 수도 있겠지요.

사실 온라인 수업을 하는 기간에는 아이들에게 시간이 많습니다. 마음만 먹으면 3~4시간 안에 수업을 끝내고 편안하게 책도 읽고 여가도 즐길 수 있을 만큼 말이에요. 그럼에도 불구하고 퇴근해서 집에 오면 아이들은 여전히 온라인 수업 중일 때가 대부분입니다. "다 했어?"라고 물어보면 "아뇨"라고 당당하게 대답해서 답답할 때가 이만저만이 아니지요. 그럴 때는 저녁을 먹으면서 이야기를 나누는 것이 좋습니다. 편안한 시간에 아이들과 함께 하루 동안 무엇을 하며 지냈는지, 어떻게 시간을 썼는지에 관해서요. 여기서의 관건은 부드러운 분위기를 유지하는 것입니다. 그렇지 않다면 아이들은 제대로 말하려고 하지 않을 테니까요.

아이들과 함께 이야기를 나누다 보면 중간중간 어디에 시간을 많이 썼는지 확인할 수 있습니다. 어떨 때는 온라인 수업을 잘하다가 도중에 레고를 꺼내서 놀기도 하고, 또 다른 때는 너무 하기 싫은 마음에 화장실에서 30~40분을 그냥 앉아 있기도 하지요. 아니면 그냥 소파에서 멍을 때리다가 시간이 훌쩍 지나가버리기도 하고요. 아무것도 한 것 없이 말이에요. 아이들과 다음번에 그런 시간에는 어떻게 해야 할지 함께 이야기를 나누면서 의지를 다지는 과정이 필요합니다. 물론, 이런 대화를 한두 번 한다고 해서 시간 관리 능력이 급격하게 향상되지는 않아요. 하지만 이런 과정을 부단히 이어나가다 보면 아이들의 습관이 조금씩 잡히는 모습을 목격할 수 있겠지요.

아이들이 종종 시간 관리를 제대로 해서 어느 정도 여유가 있는 날, 운동도 하고, 재미있는 영화도 보고, 혹은 보드게임도 하며 집에서 여가를 보내면 아이들도 기분이 좋아집니다. 그럴 때 아이들과 이야기를 나누세요. 할 일을 대충대충 하면서 늘어지게 시간을 보내는 것이 좋은지, 아니면 할 일을 제때제때 하고 나서 나머지 시간을 여유 있게 즐기는 것이 좋은지에 대해서요. 그러면 대부분이 후자를 선택할 겁니다. 아이들도 당연히 여유 있는 시간이 좋다고 느낄 테니까요. 그럴 때 "너희들이 시간 관리를 잘했기 때문에 이런 시간도 누릴 수 있는 거야", "시간 관리가 어렵긴 한데 습관만 잘 들이면 이렇게 편안한 시간도 즐길 수 있어"라는 사실을 일깨워주면 아이들에게 긍정적인 영향을 줄 수 있습니다.

📖 미디어 노출 시간 줄이기

"온라인 수업한다고 컴퓨터 앞에 앉아서 웹툰부터 보는 거 있죠?"
"그놈의 스마트폰 좀 안 들여다봤으면 좋겠어요."

특히 초등 고학년 부모들이 아이들의 컴퓨터와 스마트폰 사용으로 인해 속을 많이 썩습니다. 공부해야 할 시간을 컴퓨터 게임이나 스마트폰으로 허비하는 탓에 말이지요. 그리고 공부를 마친 후 쉬는 시간에도 방해가 됩니다. 바깥 활동을 안 하려고 하기 때문이에요. 게다가 스마트폰은 아이의 주의력을 분산

시키기도 하니 더 문제예요. 2010년 미국 아이오와주립대학교의 연구팀은 초등 3~5학년 학생 1,300명을 대상으로 조사를 했습니다. 컴퓨터, 스마트폰 등의 미디어 노출 시간이 하루 2시간 이하인 아이들과 그 이상인 아이들을 여러 가지 면에서 비교했지요. 그랬더니 미디어 노출 시간이 2시간 이상인 학생들은 그렇지 않은 학생들에 비해 2배나 높은 주의력 문제를 갖고 있었다고 합니다.

미디어 노출은 시간 관리는 물론 주의력에도 문제를 일으킵니다. 그렇기 때문에 아이들의 컴퓨터와 스마트폰 사용을 어느 정도는 제한할 필요가 있어요. 스마트폰은 저녁 6시 이후부터 다음 날 아침까지 엄마 아빠가 보관한다든지, 온라인 수업을 제외한 컴퓨터 사용 시간을 1시간 넘지 않게 한다든지 등 아이들과 함께 협의해서 사용 규칙을 정하는 것도 좋은 방법이 될 수 있습니다. 아이들은 자신이 말하고 협의한 내용에 대해서는 최대한 지키려고 노력하는 편이니까요. 물론 짜증은 조금 내겠지만요.

초등 5~6학년부터 고등학교까지의 학창 시절은 '시간과의 싸움'이라고 해도 과언이 아닙니다. 모두에게 주어진 한정적인 24시간을 얼마나 효율적으로 보내느냐에 따라서 아이들의 공부 효율도, 삶의 질도 완전히 달라질 테니까요. 시간 관리 능력,

초등 고학년 아이들에게 꼭 필요한 능력임을 부모라면 반드시 염두에 둬야 합니다.

📖 초등 5~6학년 과목별 핵심 학습 내용

국어과 핵심 학습 내용

학기	단원	학습 내용
5-1	(독서 단원) 책을 읽고 생각을 넓혀요	문학 작품을 읽는 능력과 태도를 기르기
	1. 대화와 공감	대화의 특성을 알고 친구에게 칭찬하거나 조언하는 말하기
	2. 작품을 감상해요	경험을 떠올리며 작품을 감상하기
	3. 글을 요약해요	글의 구조를 알고 내용을 요약하기
	4. 글쓰기의 과정	글 쓰는 과정을 알고 자신의 생각을 바르게 표현하기
	5. 글쓴이의 주장	낱말 뜻을 생각하며 글을 읽고 글쓴이의 주장을 파악하기
	6. 토의하여 해결해요	토의 절차와 방법을 알고 토의에 활발하게 참여하기
	7. 기행문을 써요	여정, 견문, 감상이 잘 드러나게 기행문을 쓰기
	8. 아는 것과 새롭게 안 것	낱말을 만드는 방법과 배경지식을 활용해 글을 읽기
	9. 여러 가지 방법으로 읽어요	여러 가지 방법으로 글을 읽기
	10. 주인공이 되어	자신이 경험한 일을 이야기로 쓰기
5-2	(독서 단원) 책을 읽고 생각을 넓혀요	자신의 관심 분야와 관련한 인물이나 사건을 담은 책을 읽는 능력과 재도를 기르기

5-2	1. 마음을 나누며 대화해요	상대의 말에 공감하며 바르게 대화하기
	2. 지식이나 경험을 활용해요	지식이나 경험을 활용해 글을 읽고 쓰기
	3. 의견을 조정하며 토의해요	의견 조정의 필요성과 방법을 알고 토의 활동에 스스로 참여하기
	4. 겪은 일을 써요	문장 성분의 호응 관계를 생각하며 겪은 일이 잘 드러나게 글을 쓰기
	(연극 단원) 함께 연극을 즐겨요	연극의 특성을 알고 자신의 경험을 즉흥으로 표현하기
	5. 여러 가지 매체 자료	매체 자료를 읽고 친구들과 이야기하기
	6. 타당성을 생각하며 토론해요	토론 방법과 규칙을 알고 주제를 정해 토론하기
	7. 중요한 내용을 요약해요	낱말의 뜻을 짐작하며 글을 읽고 중요한 내용을 요약하기
	8. 우리말 지킴이	우리말 사용 실태를 조사해 여러 사람 앞에서 발표하기
6-1	(독서 단원) 책을 읽고 생각을 넓혀요	우리 주변 문제를 다룬 책을 읽고 독서 능력과 태도를 기르기
	1. 비유하는 표현	비유하는 표현을 살려 생각을 다양하게 표현하기
	2. 이야기를 간추려요	이야기 구조를 생각하며 내용을 간추리기
	3. 짜임새 있게 구성해요	다양한 자료를 체계 있게 짜서 발표하기
	4. 주장과 근거를 판단해요	주장하는 글에 담긴 내용이 타당하고, 표현이 적절한지 판단하기
	5. 속담을 활용해요	속담을 활용해 자신의 생각을 효과적으로 표현하기
	(연극 단원) 함께 연극을 즐겨요	경험을 살려 극본을 쓰기
	6. 내용을 추론해요	이야기를 듣거나 읽고 드러나지 않은 내용을 추론하기

	7. 우리말을 가꾸어요	올바른 우리말 사용을 주제로 근거를 들어 글을 쓰기
6-1	8. 인물의 삶을 찾아서	이야기에서 인물이 추구하는 가치를 파악하고 자신의 삶과 관련짓기
	9. 마음을 나누는 글을 써요	글쓰기 과정을 생각하며 마음을 나누는 글을 쓰기
6-2	(독서 단원) 책을 읽고 생각을 넓혀요	사람들의 삶을 다룬 책을 읽고 독서 능력과 태도를 기르기
	1. 작품 속 인물과 나	작품에 등장하는 인물의 삶을 이해하고, 인물의 삶과 자신의 삶을 관련짓기
	2. 관용 표현을 활용해요	관용 표현을 적절하게 활용해 자신의 생각을 효과적으로 말하기
	3. 타당한 근거로 글을 써요	타당한 근거와 알맞은 자료를 활용해 논설문을 쓰기
	4. 효과적으로 발표해요	다양한 매체 자료를 활용해 내용을 효과적으로 전하기
	(연극 단원) 함께 연극을 즐겨요	극본을 읽고 연극을 해보기
	5. 글에 담긴 생각과 비교해요	글에 담긴 글쓴이의 생각을 자신의 생각과 비교하며 읽기
	6. 정보와 표현 판단하기	뉴스와 광고에서 정보의 타당성과 표현의 적절성을 판단하기
	7. 글 고쳐 쓰기	글의 내용과 표현이 더 나아지도록 자신이 쓴 글을 다시 읽고 고쳐 쓰기
	8. 작품으로 경험하기	자신의 경험을 떠올리며 영화나 기행문을 감상하고 다양하게 표현하기

5~6학년쯤이면 글쓰기에도 아이들 간의 격차가 벌어집니다. 글쓰기가 익숙하고 자연스러운 아이들은 물 흐르듯 글을 쓰고, 그렇지 않은 아이들은 무슨 말인지도 모를 이야기를 써놓으

니까요. 아이의 글쓰기를 잡아줄 수 있는 마지막 시기가 바로 5~6학년입니다. 중학생이 되면 절대적으로 시간이 부족하기에 5~6학년 때 아이의 글쓰기에 신경을 많이 쓰는 게 중요하지요. 아이와 협의해서 주 1~2회 정도 일기나 독서록을 쓰게 한 다음, 부모가 피드백은 물론 고쳐 쓰는 활동까지 봐준다면 아이의 글쓰기 실력은 분명 향상될 것입니다.

수학과 핵심 학습 내용

학기	단원	학습 내용
5-1	1. 자연수의 혼합계산	괄호가 있을 때와 없을 때의 계산 순서를 알고, 덧셈, 뺄셈, 곱셈, 나눗셈의 혼합계산하기
	2. 약수와 배수	약수, 공약수, 최대 공약수, 배수, 공배수, 최소 공배수의 의미를 알고 여러 가지 방법으로 최대 공약수와 최소 공배수 구하기
	3. 규칙과 대응	대응 관계인 두 양을 찾고, □, △ 등을 사용해 식으로 나타내기
	4. 약분과 통분	분수를 약분, 통분하기 / 분수와 소수의 관계를 이해하고 크기 비교하기
	5. 분수의 덧셈과 뺄셈	분모가 다른 분수의 덧셈과 뺄셈 계산 원리를 이해하고 계산하기
	6. 다각형의 둘레와 넓이	다각형의 넓이를 구하는 방법을 다양하게 추론하여 설명하고, 관련된 문제를 해결하기
5-2	1. 수의 범위와 어림하기	이상, 이하, 초과, 미만의 의미와 쓰임을 알기 / 올림, 버림, 반올림의 의미와 필요성을 알고 활용하기
	2. 분수의 곱셈	(분수)×(자연수), (자연수)×(분수), (진분수)×(진분수)의 곱셈 계산 원리를 이해하고, 계산하기

5-2	3. 합동과 대칭	합동인 도형과 대응점, 대응변, 대응각을 이해하기 / 점대칭, 선대칭 도형의 개념을 이해하고 그리기
	4. 소수의 곱셈	소수끼리의 곱셈 결과를 어림하고 구하기
	5. 직육면체	직육면체의 성질을 이해하고 전개도, 겨냥도를 그리기
	6. 평균과 가능성	평균의 의미를 알고 여러 가지 방법으로 구하기 / 일이 일어날 가능성을 수로 표현하기
6-1	1. 분수의 나눗셈	(자연수)÷(자연수), (진분수)÷(자연수) 계산하기 / 분수의 나눗셈의 계산 원리를 이해하고 문제를 해결하기
	2. 각기둥과 원뿔	각기둥과 각뿔을 알고, 구성 요소와 성질을 이해하기
	3. 소수의 나눗셈	(자연수)÷(자연수)의 몫을 소수로 나타내기 / (소수)÷(자연수)를 계산하기
	4. 비와 비율	비와 비율의 뜻을 이해하고 비율을 분수와 소수로 나타내기 / 백분율의 뜻을 이해하고 비율을 백분율로 나타내기
	5. 여러 가지 그래프	자료를 그림그래프, 띠그래프, 원그래프로 나타내기 / 그래프를 보고 자료를 해석하기
	6. 직육면체의 부피와 겉넓이	직육면체의 부피와 겉넓이를 구하는 여러 가지 방법을 찾고 문제를 해결하기
6-2	1. 분수의 나눗셈	(분수)÷(분수), (자연수)÷(분수)의 계산하기 / (분수)÷(분수)를 (분수)×(분수)로 바꾸어 계산하기 / (가분수)÷(분수), (대분수)÷(분수)의 계산하기
	2. 소수의 나눗셈	(소수)÷(소수)의 계산하기
	3. 공간과 입체	쌓기 나무로 만든 입체 도형의 위, 앞, 옆에서 본 모양을 표현하기
	4. 비례식과 비례배분	비례식과 비례배분을 이해하고 문제를 해결하기
	5. 원의 넓이	원주율을 이해하고, 원주율을 이용해 원주와 지름 구하기 / 원의 넓이를 구하는 방법을 이해하고 문제를 해결하기

6-2	6. 원기둥, 원뿔, 구	원기둥, 원뿔, 구의 구성 요소와 성질을 이해하기

5~6학년 수학에서 배우는 내용은 어른에게도 쉽지 않습니다. 계산도 많이 복잡하지만, 생소한 개념, 단번에 이해되지 않는 개념이 많이 나오거든요.

- 원주율을 어떻게 구할 수 있나요?
- 원의 넓이는 어떤 방법으로 구해야 하죠?
- 직육면체의 부피는 어떻게 구할까요?
- 선대칭과 점대칭을 설명해보세요.

어른들에게도 어려운 질문인데, 당연히 아이들은 개념 잡기가 더 어렵겠지요. '수와 연산' 영역도 다르지 않아요. 단순 계산으로만 끝나지 않거든요. 예를 들어 분수의 나눗셈 단원에서 다음의 식을 배운다고 가정해보겠습니다.

$$(분수) \div (분수) = (분수) \times \frac{1}{(분수)}$$

수식이 어떻게 성립하는지 개념이 제대로 잡혀 있지 않으면 처음에 계산은 어떻게 억지로 하더라도 나중에는 분명히 막힙니다. 일단은 개념을 잘 잡아줘야 아이가 계속해서 머리를 쓰며 열심히 공부할 수 있어요. 학년이 올라갈수록 수학은 점점 복잡하고 어려워집니다. 그래서 매번 새로운 개념이 나올 때마다 확실하게 다지고 나가는 것이 중요하지요. 아이가 어려운 개념과 씨름을 할 때 부모가 한 번씩 짚어주면서 이야기한다면 아이가 공부하는 데 조금은 수월함을 느낄 것입니다.

사회과 핵심 학습 내용

학기	단원	학습 내용
5-1	1. 국토와 우리 생활	국토의 위치와 영역, 자연환경과 인문 환경이 지니는 특성 / 국토에 대한 올바른 인식과 국토애 함양하기
	2. 인권 존중과 정의로운 사회	인권 신장을 위해 노력했던 옛사람들의 활동과 오늘날 인권 보장이 필요한 사례 / 인권의 중요성과 인권 보호를 위해서 실천하는 태도
5-2	1. 옛사람들의 삶과 문화	나라의 등장과 발전 / 고려 시대의 역사 / 조선 전기의 역사
	2. 사회의 새로운 변화와 오늘날의 우리	조선 후기의 역사 / 일제의 침략과 광복을 위한 노력 / 대한민국 수립과 6·25 전쟁
6-1	1. 우리나라의 정치 발전	우리나라 민주주의 발전 과정 / 민주 사회 건설을 위해 노력하는 태도
	2. 우리나라의 경제 발전	경제 활동에서 가계와 기업의 역할 이해 / 시장 경제 질서를 기반으로 경제 정의를 추구하는 우리나라 경제 체제의 특징
6-2	1. 세계 여러 나라의 자연과 문화	세계의 여러 대륙과 대양, 나라의 특징 살펴보기 / 세계 주요 기후와 그에 따른 생활 모습 파악하기 / 이웃 나라의 자연환경과 인문 환경 살펴보기

| 6-2 | 2. 통일 한국의 미래와 지구촌의 변화 | 독도를 소중히 여기며, 남북통일에 기여하고 실천하는 태도 기르기 / 지구촌 갈등의 원인과 문제점 파악하기 |

5~6학년 사회의 학습 내용은 국토와 정치 경제, 그리고 역사까지를 아우르고 있습니다. 한마디로 사회에서 다루는 전 영역을 아이들이 짧은 기간에 공부하는 셈이지요. 특히 역사는 5학년 2학기, 단 한 학기 동안 고조선부터 근현대까지를 모두 다뤄서 아이들에게는 큰 부담입니다. 방대한 분량을 공부하기 위해서는 배경지식이 중요해요. 아이들이 평소 책을 읽을 때 학습 내용과 비슷한 주제의 책을 한 권씩 읽도록 도와준다면 사회 공부는 한결 수월해질 것입니다.

과학과 핵심 학습 내용

학기	단원	학습 내용
5-1	1. 과학자는 어떻게 탐구할까요?	탐구 문제를 정해서 실험을 수행하고 결과를 정리하여 해석하기 / 문제 인식, 변인 통제, 자료 변환, 자료 해석, 결론 도출의 의미를 파악하기
	2. 온도와 열	고체, 액체, 기체에서 열이 어떻게 이동하는지 관찰하기 / 전도, 단열, 대류, 열의 이동의 개념을 파악하기
	3. 태양계와 별	태양이 지구의 에너지원임을 이해하고 태양계를 구성하는 태양과 행성을 조사하기 / 별의 의미를 알고 별자리를 조사하기

5-1	4. 용해와 용액	물질이 물에 녹는 현상을 관찰하고 용액을 설명하기 / 용해와 관련된 다양한 현상을 관찰하기
	5. 다양한 생물과 우리 생활	동물과 식물 이외의 생물을 조사하여 특징을 설명하기 / 균류, 원생 생물, 세균의 특징 파악하기
5-2	1. 재미있는 나의 탐구	탐구 문제를 정하고 계획 세우기 / 모래시계를 만들어 시간 측정하기
	2. 생물과 환경	생태계의 생물 요소와 비생물 요소 파악하기 / 비생물 환경 요인이 생물에 미치는 영향 이해하기 / 생태계 보전을 위해 우리가 할 수 있는 일 알아보기
	3. 날씨와 우리 생활	습도를 측정하기 / 이슬, 안개, 구름, 비와 눈의 생성 원리를 이해하기 / 고기압과 저기압을 이해하고 우리나라의 계절별 날씨의 특징 파악하기
	4. 물체의 운동	일상생활에서 물체의 운동을 관찰하고 속력의 개념과 연관 짓기 / 물체의 이동 거리와 걸린 시간을 통해 속력 구하기
	5. 산과 염기	지시약을 이용하여 산성 용액과 염기성 용액으로 분류하기 / 산성 용액과 염기성 용액을 섞을 때의 변화 관찰하기
6-1	1. 과학자처럼 탐구해볼까요?	탐구 문제를 정하고 가설을 세워보기 / 변인을 통제하며 실험하고 결과를 정리하기 / 실험 결과를 그래프로 나타내고 의미를 해석하기
	2. 지구와 달의 운동	지구의 자전에 따른 낮과 밤의 변화를 이해하기 / 지구의 공전에 따른 변화와 계절별로 관측 가능한 별자리가 달라지는 이유 파악하기 / 달의 위상 변화 설명하기
	3. 여러 가지 기체	실험을 통해 산소와 이산화 탄소를 발생시키고 기체의 성질을 설명하기 / 온도와 압력에 따라 기체의 부피가 달라지는 현상 관찰하기 / 공기를 이루는 여러 가지 기체를 조사하여 발표하기

6-1	4. 식물의 구조와 기능	현미경의 사용법을 알고 식물 세포 관찰하기 / 식물의 뿌리, 줄기, 잎, 꽃의 구조와 기능 설명하기
	5. 빛과 렌즈	프리즘을 통하여 햇빛이 여러 가지 색의 빛으로 되어 있음을 설명하기 / 볼록 렌즈를 통해 빛의 굴절 관찰하기
6-2	1. 전기의 이용	전구를 직렬연결할 때와 병렬연결할 때 전구의 밝기 차이 비교하기 / 전류가 흐르는 전선 주위에서 나타나는 현상을 이용해 전자석 만들기
	2. 계절의 변화	하루 동안 태양 고도, 그림자 길이, 기온을 측정하고 그래프로 나타내기 / 계절에 따른 남중 고도, 낮의 길이, 기온의 변화 설명하기
	3. 연소와 소화	물질이 탈 때 나타나는 공통적인 현상을 관찰하고 연소의 조건 파악하기 / 실험을 통해 연소 후에 생성되는 물질 찾기
	4. 우리 몸의 구조와 기능	뼈와 근육의 생김새와 기능을 이해하기 / 소화, 순환, 호흡, 배설 기관의 종류, 위치, 생김새, 기능을 설명하기 / 감각 기관의 종류, 위치, 생김새, 기능을 알고 자극이 전달되는 과정 설명하기
	5. 에너지와 생활	생물이 살아가거나 기계를 움직이는 데 에너지가 필요함을 알고, 에너지의 형태를 조사하기 / 자연 현상이나 일상생활에서 에너지 전환 과정을 탐구하기

5~6학년 과학의 학습 내용도 사회처럼 여러 분야의 지식을 방대하게 다룹니다. 게다가 생소한 용어도 많고 어렵기까지 하지요. 예를 들어 6학년 1학기 2단원 '지구와 달의 운동'을 보면, 지구와 달의 운동인 자전과 공전에 따라 달라지는 것들은 웬만큼 고민하지 않으면 쉽게 이해되지 않아요. 그만큼 과학은 복

습이 필요합니다. 그때그때 배운 내용을 가정에서 소화할 수 있도록 옆에서 신경을 써준다면 더없이 좋겠지요.

초등 방학
예습과 복습을 체계적으로 활용한다

　예전에는 방학이면 조금 느긋하게 일기를 쓰고 교과 외의 공부를 하며 다소 편하게 보냈습니다. 하지만 이제 수학 정도는 한 학기 분량을 먼저 공부해야 할 것 같아요. 보통 4학년부터는 방학 때 다음 학기 예습을 해야 수업을 따라가기가 어렵지 않습니다. 저도 예전에는 4학년 이상 부모님들에게만 수학 예습을 권했었어요. 3학년 이하는 예습하지 않아도 진도를 따라가는 게 많이 어렵지 않거든요.

　문제는 지금이 예전과 같지 않은 코로나19 상황이라는 겁니다. 상황에 따라 온라인 수업은 계속될 것이고, 등교 수업도 언제 어떻게 바뀔지 몰라요. 온라인 수업을 하면 특히 수학은 아이들이 잘 따라가지 못할 가능성이 크므로 예습을 하는 것이 좋습니다. 보험용으로 말이지요. 그리고 복습도 굉장히 중요합니다. 아이들이 한 학기 동안 제대로 공부했는지를 확인해야 다음 학기에도 제대로 공부할 수 있거든요. 그래서 방학 중에는 부모가 예습과 복습에 더 많은 신경을 써야 합니다.

📖 수학은 복습 후 예습이 관건

수학을 제외한 국어, 사회, 과학, 예체능은 예습하지 않아도 학기 중에 진도를 따라갈 여지가 충분합니다. 하지만 수학은 이미 배운 내용을 완벽히 이해하는 것이 특히 중요해요. 기존에 배운 내용을 이해하지 못하면 새로 배우는 내용을 이해하기 어려우니까요. 그리고 수학은 학년이 올라갈수록 내용이 특히 더 어려워집니다. 물론 어른들은 분수, 소수, 최소 공배수, 최대 공약수 등의 개념이 뭐가 어렵냐고 생각할 수도 있어요. 하지만 아이들이 처음 접하는 어려운 용어와 개념을 단번에 이해하기란 거의 불가능에 가깝습니다. 그래서 4학년 또는 5학년에 올라가기 전 방학 동안에 미리 한 학기를 대략 예습하는 것은 굉장히 큰 도움이 됩니다. 미리 한 번 공부하고 새 학기에 다시 배우면 이해할 수 있는 확률이 높아지니까요.

사실 예습보다 더 중요한 것이 복습입니다. 앞서 언급했듯이 수학은 이미 배운 내용을 숙지하지 못하면 다음 단계로 나아가기가 힘들거든요. 그래서 방학 중에는 해당 학기 문제집을 풀면서 확인하는 과정이 중요합니다. 수학뿐만 아니라 당연히 다른 과목도 복습은 정말 중요하지요. 문제집 한 권을 다 풀라고 하면 아이가 힘들어할 수도 있으니, 설령 문제집이 아깝더라도 단원 평가 정도만 풀게 하고 틀린 부분 위주로 짚어주세요. 문제집 한 권을 복습용으로 풀면 공부해야 할 분량이 너무 많아져서 아이가 지칠 수 있습니다.

📖 깨끗한 문제집은 복습에 활용한다

많은 부모들이 새 학기마다 아이에게 새로운 전과와 문제집을 사줍니다. 아이가 열심히 공부하는 모습을 상상하면서 말이지요. 보통 같았다면 학기가 끝날 무렵에 열심히 푼 문제집을 보면서 뿌듯해할 수 있는데, 코로나19 이후로는 문제집이 새로 산 스케치북처럼 하얗고 깔끔한 상태로 학기 말까지 그대로 있는 경우가 많아졌습니다. 온라인 수업을 따라가기도 바빠 시간이 부족한 나머지 문제집은 그냥 장식용으로 한 학기 내내 방치된 셈이지요. 사실 코로나19 이후로 공부는 큰 문제가 아닙니다. 문제집이 새하얗더라도 아이만 건강하면 성공한 거예요.

문제집을 좀 풀지 못했더라도 건강하기만 하면 충분히 감사한 일이 아닐까 싶어요.

방학은 그렇게 감사한 마음으로 깨끗한 문제집과 패자 부활전을 치를 시간입니다. 물론 문제집을 다 풀게 하기는 힘들지만, 단원 평가 정도는 한 번쯤 풀게 할 수 있거든요. 단원 평가 문제를 풀기 전에는 미리 한 번쯤 훑어보는 시간을 준 다음, 집에서도 학교처럼 평가를 보듯 차분하게 풀게 하면 좋습니다. 그러고 나서 틀린 문제가 있다면 전과를 활용해 개념을 다시 확인하고, 문제집에 있는 비슷한 문제를 다시 풀게 하면 아이의 실력을 한 번 더 다져줄 수 있어요. 이때 중요한 것은 다 풀게 할 필요가 없다는 거예요. 아무리 방학이라도 시간은 아껴써야 해요. 틀린 내용을 짚어주고 오개념을 잡아줬다면 복습은 거기서 끝입니다.

📖 부모가 다 가르쳐줘야 할까?

"수학을 예습할 때는 부모님이 다 가르쳐주셔야 해요"라고 이야기하면 얼마나 부담이 될까요? 다행히도 그럴 필요는 없습니다. 모두 세세하게 가르쳐주면 좋겠지만 부모도 살아야지요. 그동안 온라인 수업을 봐주느라 너무 힘들었는데, 방학 때도 그렇게 힘들면 반칙이에요. 방학 중 예습은 문제집만 잘 고르면 크게 힘들지 않습니다. 직접 서점에 가거나 온라인 서점을 통해 문제집을 살펴보세요. 문제집을 살펴보면 개념 설명 동영상이 있는 것들이 꽤 많습니다. 개념 설명 동영상도 있고, QR 코드로 동영상 연결이 가능한 문제집도 있지요. 스마트폰으로 QR 코드를 스캔해서 스마트 TV와 연동을 하면 아이들이 큰 화면으로 인터넷 강의를 들으면서 공부할 수 있습니다. 특히 예습할 때는 『EBS 만점왕』이나 『개념클릭 해법수학』을 권합니다. 인터넷 강의 동영상이 차시별로 준비되어 있거든요. 단원별로 강의를 보며 다음 학기 예습을 할 수 있어서 효율적이더라고요. 홈페이지에 들어가면 단원별로 개념 정리 동영상이 있어 아이들이 공부하기에도 좋고요.

📖 예습할 때 채점과 피드백은 필수

아이가 공부한 내용은 부모가 채점하는 것이 좋습니다. 일단 자신이 푼 내용을 엄마 아빠가 봐주면서 "우아, 열심히 풀었네"라고 한마디만 해줘도 아이는 어깨가 으쓱해지거든요. 채점하면서 무엇이 어려웠는지 물어보세요. 그다음에 다시 한번 개념 정리 동영상을 보라고 하거나 보게 해주거나 직접 설명을 해주세요. 일단 예습은 아이들이 무에서 유를 창조하는 과정입니다. 어른들도 동영상 강의를 한 번 듣고 모든 내용을 다 알게 되기는 어려워요. 아이들도 마찬가지예요. 예습은 전혀 알지 못했던 내용을 공부하는 과정이기 때문에 많이 틀릴 수밖에 없습니다.

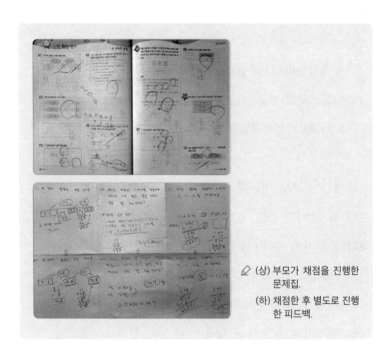

✎ (상) 부모가 채점을 진행한 문제집.
(하) 채점한 후 별도로 진행한 피드백.

예습은 다음 학기에 혹시 나타날지 모를 학습 결손 예방을 위한 방법인 만큼 조금 틀리더라도 허용적인 태도를 보여주는 것이 좋습니다. 야단치지 않고 부드럽게 설명한다면 아이도 부담을 훨씬 덜 느낄 테니까요. 평상시였다면 예습에 대해서 편하게 말했겠지요. 그런데 코로나19 이후로는 평소가 아니에요. 특히 수학은 예습을 한 번 하고 다음 학기 공부를 시작하는 것이 정말 중요합니다. 그러므로 문제집을 잘 선택해 아이가 효과적으로 예습할 수 있도록 신경을 써줘야 하지요. 예습용 문제집을 고를 때는 다음의 3가지를 꼭 살펴보세요.

- 개념 정리 내용이 담긴 문제집
- 문제의 난이도가 '기본' 정도인 문제집
- 동영상 강의가 포함된 문제집

문제집에 개념 정리가 되어 있어야 아이가 예습할 때 부모의 손이 덜 갑니다. 그리고 난이도가 너무 어려우면 아이가 예습하다가 포기할 수 있기에 '기본' 난이도의 문제집을 고르는 것이 좋아요. 또 동영상 강의가 있다면 부모가 하나하나 설명하지 않아도 되기 때문에 아이가 혼자서 예습할 수 있습니다. 당연히 공부하다가 모르는 내용이 나오면 알려줘야겠지만요. 이렇게 문제집을 선택해서 예습하게 한다면 매번 다가오는 새로운 학기마다 편안하게 공부할 수 있으리라 생각합니다.

아이의 집공부를 도와주다 보면 어려움에 부딪힐 때가 많습니다. 예전에 부모들이 공부하며 배운 내용과 지금의 아이들이 배우는 내용이 조금씩 다르거든요. 간단한 나눗셈 하나도 몫과 나머지를 쓰는 방식이 그때와 지금은 다릅니다. 과학 교과서에 나오는 여러 가지 용어도 마찬가지고요. 아이의 집공부를 정확하게 봐주기 위해서 부모가 제대로 파악해야 할 과목별 공부 방법을 함께 살펴보겠습니다.

초등 과목별
집공부 방법

국어
문해력이 가장 중요하다

기초학력 진단평가를 위해 전국의 선생님들이 모인 연수, 기초학력을 함께 고민하는 자리에서 선생님들이 자유롭게 이야기하는 시간이 있었습니다. 아이들의 기초학력을 고민하면서 허심탄회하게 이야기를 나누는 시간, 기초학력에서 시작된 이야기는 글을 읽고 이해하는 능력인 문해력으로 귀결되었지요.

"사회, 과학 부진 학생은 국어, 수학도 부진이에요."
"결국은 문해력이 문제예요."
"'꽃가루'라는 단어를 듣고 생소해서 개념을 잡지 못하는 건 문해력이 부족하다는 뜻이 아닐까요?"

선생님마다 각자의 교육관과 철학은 다르지만, 학습에 관한 문제에서만큼은 비슷한 관점을 공유하고 있다는 사실을 느낄 수 있었습니다. 문해력이 중요하다는 관점 말이지요. 도구라고 표현하면 국어 선생님들이 싫어할 수도 있지만, 결국 국어는 도구라고 생각합니다. 모든 학문의 도구가 되는 교과. 국어를 잘하지 못하면 텍스트를 이해할 수가 없고, 텍스트를 이해할 수 없으면 학습은 이뤄지기가 힘들어요. 결국은 문해력이 답입니다. 문해력은 기초학력 부진 학생을 만들 수도 있고, 소위 '될 놈될(될 놈은 뭘 해도 된다)'을 만드는 마법의 열쇠가 될 수도 있어요. 그래서 아이들에게 문해력을 키워주는 일은 정말 중요합니다.

2015 개정 국어과 교육 과정을 살펴보면 국어과의 교수·학습 내용은 듣기·말하기, 읽기, 쓰기, 문법, 문학 영역으로 구성되어 있습니다. 아이들은 각 영역을 배우면서 국어로 이뤄지는 이해·표현 활동과 문법, 문학의 본질을 이해하고, 의사소통이 이뤄지는 맥락의 다양한 요소를 고려하면서 모국어를 사용할 수 있게 되지요. 한마디로 말해 학교에서 국어 교과를 배움으로써 아이들은 문해력을 키우는 거예요. 그러므로 국어 실력과 더불어 공부머리를 키워주려면 문해력을 끌어올리는 것이 중요합니다.

📖 모르는 단어를 되물어 추론하는 힘을 키운다

부모는 아이와 말하고 듣는 의사소통 활동을 일상적으로 합니다. 일상의 대화에서도 문해력의 씨앗을 싹트게 하려면 다양한 고민을 할 수 있도록 질문거리를 던져주는 것이 좋습니다.

> "엘사네 엄마 아빠가 조난遭難을 당해서 엘사가 여왕이 된 거야."
>
> "형, 근데 조난이 뭐야?"
>
> "조난? 음… 배가 난파된 거야. 아빠, 맞아요?"

어느 날, 아이들이 〈겨울왕국 2Frozen 2〉를 보러 가기 전에 이런 대화를 하더군요. 서로 조난의 정확한 뜻은 모르고 있었지요. 아이들이 이렇게 물어볼 때, 문해력을 길러주려면 어떻게 해야 할까요? 일단 아이들에게 되묻는 것도 좋은 방법이 될 수 있습니다. 되묻기는 아이들이 한 번쯤 다시 생각하게 된다는 점에서 좋은 질문이거든요.

> "넌 조난이 어떤 뜻인 것 같아? 어떤 장면에서 조난이라는 말을 썼어?"

그러면 아이들은 생각합니다. 그러고 나서 대화는 대개 다음과 같이 이어지지요.

아이①

음… 배가 부서질 때 쓰는 말이니까 조난은 배가 부서지는 거랑 관련이 있을 것 같아요.

아이②

음… 왠지 뭔가 안 좋은 말 같은데……. 아빠, 무슨 조에 무슨 난이에요?

단어의 의미를 생각할 수 있게끔 한 번 더 기회를 주면 아이들도 고민합니다. 이때 고민은 아이들의 문해력이라는 근육을 깨운다는 점에서 아주 긍정적이에요. 아이들은 공부하면서 모르는 단어를 수도 없이 만날 겁니다. 그때마다 모든 단어를 누군가에게 묻거나 사전을 찾아보기는 힘들겠지요. 하지만 모르는 단어를 마주할 때마다 문맥의 의미와 행간에 숨은 뜻을 찾아내려고 노력하다 보면 추론하는 힘이 생깁니다. 추론하는 힘은 텍스트를 읽고 해석하는 데 많은 도움이 되는데, 아이들의 문해력 신장에 아주 중요한 능력이지요. 그러므로 아이들이 추론할 수 있게끔 되묻는 방법으로 기회를 주는 것은 문해력을 키우기 위한 좋은 방법이에요.

국어에는 '시나브로'처럼 순우리말 단어인 경우를 제외하고는 한자로 된 단어들이 많습니다. 그래서 한자 뜻을 어느 정도 알고 있다면 모르는 단어의 뜻도 유추해낼 수 있지요. 한자를 잘 알고 있다면 의미를 알아내기가 아주 편리한 셈이에요. 그렇다고 한자 공부를 따로 하자니 시간과 노력이 너무 많이 듭니다. 영어도 해야 하고, 수학도 해야 하고, 수행 평가도 신경써야 하는데, 어느 세월에 한자를 하고 있을까요? 그래서 아이들이 단어를 물어볼 때는 먼저 스스로 고민하게 한 다음, 대화의 끝에 한자어의 뜻을 알려주는 방법이 효과적입니다. 그리고 '마법 천자문' 같은 한자 만화책 시리즈를 들이는 것도 좋습니다. 개인적으로 학습 만화는 별로 좋아하지 않지만, 다른 책을 어느 정도 본 다음에 한두 권 만화를 허용할 때 "마법 천자문은 봐도 돼"라고 말하고 있어요. 일단 한자가 친근해지면 아이들이 단어를 물어볼 때도 "한자로는 뭐예요?"라고 질문하는 빈도도 늘어나고, 한자 뜻에 호기심을 갖게 되니까요.

초등 1~2학년, 일기를 생활화한다

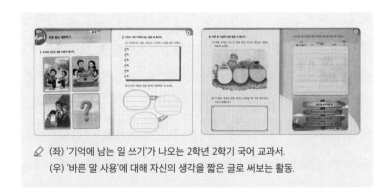

✐ (좌) '기억에 남는 일 쓰기'가 나오는 2학년 2학기 국어 교과서.
(우) '바른 말 사용'에 대해 자신의 생각을 짧은 글로 써보는 활동.

아이의 온라인 수업을 유심히 봐준 부모라면 국어가 생각보다 쉽지 않다는 사실을 느꼈을 거예요. 생각보다 쓰는 활동이 많기 때문이지요. 편안하게 생각하고 공부를 시작했는데, 쓰는 활동에 막혀서 짜증을 내는 아이의 모습을 발견하기도 하고요. 아이가 무언가를 글로 쓰기란 굉장히 어려운 일입니다. 어른들한테도 글을 쓰라고 하면 어려운데, 아이는 오죽할까요? 그래서 국어 수업을 잘할 수 있도록 도와주려면 글쓰기의 장벽부터 낮출 필요가 있습니다. 일단 무언가를 쓰기란 기본적으로 어려운 일이에요. 아무리 주제를 정해놓고 '이것만 쓰세요'라고 구체적으로 제시하더라도 말이지요. 글을 쓰는 아이들의 마음은 다음과 같습니다.

'시작을 어떻게 해야 하지?'

'글씨가 이상하면 어떡하지?'

'잘못 쓰면 안 되는데……'

이처럼 불편함과 두려움을 부지불식간에 갖고 있어요. 그래서 아이들이 글쓰기를 친숙하게 느낄 수 있도록 저학년 때부터 글 쓰는 습관을 들여주면 좋습니다.

✎ (좌) 일상생활을 주제로 쓴 1학년의 일상 일기.
　(우) 한 편의 시처럼 쓴 1학년의 자유 일기.

교육 과정에서는 1학년 1학기 말부터 그림일기 쓰기가 나옵니다. 그림일기를 시작으로 아이들은 일기 쓰는 습관을 들일 수 있어요. 코로나19 이후로 학교에서는 일기 쓰기까지 숙제로 내주지는 않습니다. 온라인 수업만 하기에도 부모들은 이미 크게 벅차고 부담스러우니까요. 하지만 굳이 숙제가 아니더라도 아이들이 간단하게나마 일기 쓰는 습관을 들인다면 글쓰기를 어렵게 생각하는 마음이 줄어들 것입니다. 일상생활의 주제를 몇 줄의 일기로 표현하고, 가끔 쓰고 싶은 주제를 중심으로 간단하게 글로 정리하는 연습을 한다면 아이들은 국어 시간에 글쓰기가 나오더라도 크게 두려워하지 않겠지요.

📖 온라인 수업 팁 ②
초등 3~4학년, 독서록으로 생각과 느낌을 정리한다

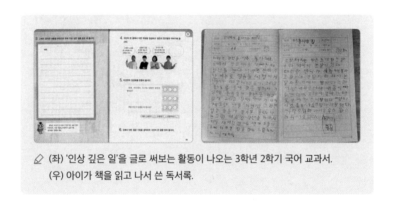

✎ (좌) '인상 깊은 일'을 글로 써보는 활동이 나오는 3학년 2학기 국어 교과서.
(우) 아이가 책을 읽고 나서 쓴 독서록.

3~4학년 국어과 교육 과정을 살펴보면 쓰기 영역에서는 '의견을 표현하는 글쓰기', '마음을 표현하는 글쓰기'를 배웁니다. 얼핏 쉬워 보이지만, 자신의 의견과 마음을 글로 표현하는 일은 생각보다 어려워요. 교과서에서 제시하는 글쓰기 역시 분량도 많고 요구되는 기준이 저학년 때보다는 엄격합니다. 5~6학

년에게도 3~4학년 수준의 글을 써보라고 이야기하면 훈련이 되지 않은 아이들은 제대로 글을 쓰지 못하는 경우가 많아요. 글쓰기 실력은 어느 날 하늘에서 뚝 떨어지는 게 아니라, 하루하루 연습을 통해 길러야 하는 것이기 때문이지요. 훈련이 잘 된 아이들은 잘 쓸 가능성이 크고, 그렇지 않은 아이들은 학년이 올라가도 실력이 늘지 않습니다.

3~4학년 아이들에게도 글쓰기 연습이 필요합니다. 1~2학년 때와 마찬가지로 글 쓰는 활동을 집에서 자주 할 수 있도록 도와줘야 하지요. 이때 독서록을 통해서 자기 생각을 정리하고, 의견과 마음을 표현할 수 있도록 해주면 좋습니다. 사실 독서록 쓰기는 1~2학년 때부터 시작해요. 1~2학년의 독서록이 어느 정도 연습이라면 3~4학년의 독서록은 그때보다는 정교하게 쓸 수 있도록 신경을 써줘야겠지요.

"독서록 쓰자"라고 단순히 한마디를 하는 것보다는 책 내용을 같이 이야기해보는 것이 좋습니다. 중심 내용을 함께 상기해보고, 책을 읽으면서 특정 상황에서 어떤 기분을 느꼈는지, 내가 주인공이라면 어떻게 했을지 생각하게 해주면 아이가 독서록에 쓸 내용이 많아지겠지요. 그런 다음에 아이와 함께 마인드맵이나 줄글로 된 필기 형태로 개요를 잡으면 아이의 독서록 쓰기가 한결 쉬워집니다. 독서록을 쓸 때도 아이가 보다 편하게 느낄 수 있도록 부모가 옆에서 함께 이야기를 해주는 활동이 필요한 거예요.

📖 온라인 수업 팁 ③
초등 5~6학년, 글 내용 파악을 연습한다

초등 고학년의 온라인 수업을 봐주다 보면 국어 교과서가 굉장히 어렵다는 사실을 알 수 있습니다. 제재를 읽고 나서 일어난 일에 따라 주인공에게 들었던 마음을 정리하는 문제, 일기예보를 듣고 요약하는 문제, 이야기를 읽고 흐름에 따라 내용을 간추려 써보는 문제, 어근을 파악하며 어근 앞에 다른 어미를 붙여 여러 가지 낱말을 만드는 문제… 자칫 단순하게 생각할 수 있는 국어 교과서지만 국어 교과서의 문제만으로도 아이들은 머리가 지끈지끈 아픕니다. 그리고 어른들이라도 초등학교 교과서에 있는 문제를 제대로 풀기란 그리 만만한 일이 아니에요. 그래서 아이가 교과서 문제를 풀 때는 2가지 가능성을 염두에 둬야 합니다. 문제를 이해하지 못할 가능성, 지문을 이해하지 못할 가능성. 만약 아이가 이해하지 못한다면 지문을 다시 읽어보면서 이해했는지 확인해보고, 문제에서 어떤 것을 요구하는지 함께 이야기하며 문제의 핵심을 파악하도록 해주는 것이 중요하지요.

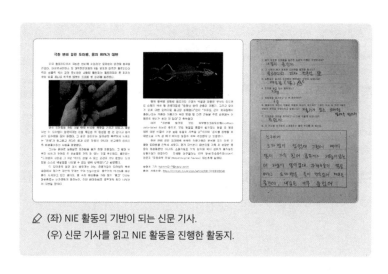

✎ (좌) NIE 활동의 기반이 되는 신문 기사.
(우) 신문 기사를 읽고 NIE 활동을 진행한 활동지.

 5~6학년의 듣기·말하기 활동 내용 중에는 체계적으로 내용을 구성해서 말하고 추론하며 듣는 활동이 있습니다. 읽기에는 주장이나 주제를 파악하며 읽기, 내용의 타당성 평가하기, 표현의 적절성 평가하기, 매체 읽기 방법 적용하기 등이 있고요. 이처럼 고학년으로 올라갈수록 아이가 읽어야 하는 지문의 수준과 수행해야 하는 듣기, 말하기, 쓰기 활동은 점점 더 복잡해집니다. 그래서 5~6학년 아이가 국어 교과 활동을 제대로 수행하기 위해서는 여러 분야의 지문을 폭넓게 읽어보는 것이 중요합니다. 읽는 활동과 더불어 아이가 지문의 내용을 제대로 파악하고 있는지 확인하는 과정도 중요하고요. 그런 의미에서 NIE^{Newspaper In Education} 활동이 효과적입니다. 아이가 흥미를 가질 만한 신문 기사를 스크랩해서 활동지를 만들고 아이에게

풀게 하면 정교하게 읽는 연습이 되거든요. 활동지에 짧은 글쓰기를 넣으면 쓰기 연습도 되고요. 문제는 부모에게 그럴 만한 시간이 없다는 겁니다. 언제 일일이 활동지를 만들어서 하나씩 해줄 수 있을까요? 마음은 있지만 시간은 없는 부모라면 문제집을 활용하는 방법이 훨씬 효율적입니다. 시중에 나온 독해 문제집을 하나 골라 아이에게 하루 한두 장씩 풀게 하면 글을 파악하는 연습 정도는 충분히 할 수 있으니까요.

수학
수준을 파악하고 능동적인 참여를 유도한다

집에서 부모가 아이를 가르칠 때 가장 난감한 과목이 바로 수학입니다. 그래도 다른 과목은 '언어'로 전달하는데, 수학은 대부분이 숫자와 기호로 전달해야 하기 때문이에요. 그뿐인가요? 한 번 가르쳐서 아이가 이해하면 참 좋을 텐데, 수학은 한 번의 설명으로 이해하는 아이가 별로 없습니다. 그래서 부모가 속을 많이 썩기도 하지요. 그나마 학교에서는 처음 가르칠 때 대부분의 아이들이 이해를 잘하지 못해서 '그럴 수 있구나'라는 생각을 합니다. 이해를 못 하는 게 보통이니까요. 하지만 가정에서 부모가 대하는 학생은 '내 아이' 한 명뿐입니다. 여기서 문제가 생기지요. 내 아이의 실제 모습과 부모의 기대 사이의 큰 괴리가 있기 때문이에요. 부모의 기대는 높고 아이의 실력은 그보다는 훨씬 아래라는 사실. 그래서 다른 과목도 마찬가지겠지만, 특히 수학은 아이의 개별적인 실력을 파악하는 것이 더욱 중요합니다.

📖 아이의 개별적인 수준을 고려한다

아이는 자신의 이해 수준에서 적절한 학습 내용일 때 효율적으로 공부할 수 있습니다. 그래서 집에서 수학을 공부할 때도 아이가 기존의 학습 내용을 제대로 이해하고 있는지, 앞으로의 공부 내용을 이해할 준비가 되었는지 정확히 파악해야 하지요. 그래야 기존에 알던 내용과 개념의 토대 위에 새로운 개념이나 기능을 학습할 수 있기 때문입니다.

그런데 보통 집에서 공부하다 보면 학교 진도보다 선행하는 경우가 종종 있습니다. 그럴 때 아이들은 제대로 공부하지 못하는 경우가 많아요. 자기 수준에 맞지 않기 때문이지요. 선행을 시키고 싶다면 아이가 수학 개념을 제대로 알고 있는지, 또 정확하게 이해하고 있는지 평가하는 과정을 거쳐야 합니다. 지금은 코로나19 상황이므로 아이의 개별적인 수준을 고려한 적절한 선행은 어느 정도 도움이 됩니다. 하지만 보통의 아이들은 선행이 필요 없어요. 대부분 해당 학기에 배우는 내용도 소화하기가 버겁거든요. 솔직히 교사 입장에서 아이들을 보면 그 학년에서 배우는 내용만 제대로 배워도 완벽하다는 생각을 하게 됩니다. 부모의 기대 때문에 아이에게 맞지 않는 선행이라는 옷을 입혀서 헐렁헐렁, 엉거주춤 하게 만들기보다는 아이의 수준에 맞는 내용을 공부하게 해 학습 적응에 무리가 없도록 해주는 것이 중요합니다.

📖 동기 유발과 구체물로 능동적인 참여를 유도한다

아이가 집에서 수학 공부를 할 때 능동적으로 참여하는지는 부모로서 늘 고민해봐야 합니다. 사실 마지못해서 하는 경우가 대부분이기 때문이에요. 잘 살펴보면 부모가 집에서 수학적인 동기 유발을 할 수 있는 때가 참 많습니다. 당장 마트에 물건만 사러 가도 덧셈, 뺄셈, 곱셈, 나눗셈이 필요해요. 물건값을 더하고 빼고, 우유가 100ml당 얼마인지 비교해서 어느 우유가 더 저렴한지 알아보기도 하는 이런저런 활동… 솔직히 미적분처럼 어려운 분야가 아닌 이상 수학은 우리 생활과 밀접하게 연관되어 있지요. 심지어 부루마불 같은 보드게임을 할 때조차 말이에요. 일상생활 속에서 이런 것들을 상기시켜주면서 '수학을 잘하면 네가 더 편하게 살 수 있다'라는 느낌을 전해주는 일이 필요합니다. 그러면 아이들이 능동적으로 수학을 공부하게 될 가능성이 커지니까요.

동기 유발과 더불어서 부모가 해야 할 일은 최대한 구체적으로 보여주는 것입니다. 수학은 단순히 더하기, 빼기, 곱하기, 나누기만으로 이뤄져 있지 않아요. 초등학교 수학에서는 수와 연산, 도형, 측정, 규칙성, 자료와 가능성 이렇게 5가지 영역을 공부합니다. 이 중에서 도형이나 측정의 경우에는 구체물이 필요해요. 저학년의 쌓기 나무 활동, 고학년의 직접 볼 수 있는 입체 도형처럼 말이지요. 측정 영역에서는 측정 도구들도 필요합니다. 길이를 재는 도구인 자, 무게를 재는 도구인 저울, 각을 재는 도구인 각도기처럼요. 그리고 저학년의 경우에는 연산할 때, 수 모형이나 바둑돌, 혹은 숫자 큐브처럼 구체물을 주는 것도 많은 도움이 됩니다. 구체물을 활용하면 훨씬 쉽게 공부할 수 있으니까요. 이처럼 수학 공부에는 학년을 불문하고 구체물이 많이 필요합니다. 그리고 아이는 이러한 구체물을 통해서 자신의 개념을 조금 더 능동적으로 형성해나갈 수 있지요.

📖 구체적인 내용 먼저, 추상적인 내용은 나중에

수학은 기호와 수학적 개념이 추상적으로 작동하는 학문입니다. 그런데 여기서 추상화는 구체적 수준 다음에 이뤄지는 것이라, 개념이 정립되고 아이가 정확하게 이해해야만 가능한 작업이에요. 앞서도 언급했듯이 아이들이 수학적 개념을 정확하게 이해하려면 구체물을 통한 조작 활동이 필요합니다. 다시 말해서 덧셈을 할 때 바둑돌도 필요하고 손가락도 필요하다는 것이지요. 구체적 조작을 충분히 하고 난 다음에야 아이들의 머릿속에서는 수학의 형식화가 일어납니다. 그때 비로소 구체적 조작물이 더는 필요 없게 되고요.

아이들이 덧셈을 할 때, 손가락을 쓰려고 한다면 더 편안하도록 숫자 큐브나 바둑돌의 사용을 권하는 디테일이 부모에게는 필요합니다. 구체적 조작이 필요한 단계인데 머리로만 생각하도록 강요한다면 아이는 개념을 제대로 이해할 수가 없어요. 형식화의 단계가 진행될 때까지 구체적 조작물을 옆에 두고 사용할 수 있도록 하는 지혜가 요구됩니다. 연산을 처음 시작하는 단계에서도 숫자 큐브나 바둑돌 같은 구체물로 더하기를 하는 과정을 직접 보여주면 좋아요. 그리고 도형 영역에서 다각형을 돌리면 어떻게 되는지 예상할 때도 직접 삼각형, 사각형을 오려 돌리라고 해서 머릿속에 추상적인 그림을 그려보게 하면 되고요. 조작 활동이 필요한 단원에서는 조작 활동을 건너뛰지 말고 충분히 경험하게 하면 아이들이 수학을 조금 더 쉽게 받아들일 수 있습니다.

📖 온라인 수업 팁 ①
초등 1~2학년, 연산은 매일매일

초등학생의 수학 공부를 생각하면 무엇이 가장 먼저 떠오르나요? 아마도 '연산'일 것입니다. 아이가 초등학교에 입학하면서부터 부모들이 수학에서 가장 신경을 많이 쓰는 부분이니까요. 권말 부록으로 담긴 '수학과 내용 체계'를 살펴보면 연산은 도형, 측정, 규칙성, 자료와 가능성과 함께 교육 과정을 구성하는 5가지 영역 중의 하나입니다. 그런데 우리는 왜 연산을 가장 크게 생각하는 것일까요? 아무래도 다른 영역보다 꾸준함이 필요하기 때문이지요. 공간 감각과 점, 선, 면, 입체에 대한 이해가 필요한 '도형', 단위 길이나 부피, 넓이를 측정하는 '측정', 수가 규칙적으로 커지고 작아지는 패턴을 이해하는 '규칙성', 자료를 분류하고 통계를 정리하는 '자료와 가능성'… 이처럼 4가지의 영역도 물론 어렵기는 마찬가지겠지만 어느 정도 이해를 하고 나면 많은 연습이 필요하지는 않아요. 하지만 '도형', '측정', '규칙성', '자료와 가능성'의 영역을 공부하는 데 '수와 연산'은 필수적입니다. 숫자로 표현하고 계산해야 하는 수학의 특성상 '수와 연산'은 가장 기본이기 때문이지요. 거기에다 연산은 매일매일 꾸준히 하지 않으면 실력이 쉽게 늘지 않기에 부모는 연산에 많은 공을 들입니다.

참으로 안타깝게도 코로나19가 계속되면서 연산 능력에도 많은 편차가 생겼습니다. 온라인 수업을 하다가 등교를 하게 되었을 때, 아이들의 연산 실력을 보고 학력 격차가 심화되었다는 사실을 실감할 수밖에 없었지요. 가정에서 온라인 수업을 충실하게 듣고, 연산 연습을 꾸준히 한 아이들은 그나마 진도를 따라올 수 있었지만, 온라인 수업도 대충 하고 연산도 신경 쓰지 않은 아이들은 수학을 너무 힘들어했기 때문이에요. 수학의 다른 영역도 물론 중요하지만, 그중에서도 연산은 정말 중요한 영역입니다. 그러므로 매일매일 꾸준히 아이의 수준에 맞는 연산 문제집을 1~2장 정도는 풀면서 감을 잃지 않도록 많이 신경 써주는 자세가 필요합니다.

📖 온라인 수업 팁 ②
초등 3~4학년, 개념만큼은 확실하게

초등 3~4학년부터는 복잡한 개념들이 수학을 지배하기 시작합니다. 분수, 평면 도형, 도형의 성질, 그래프, 규칙 찾기. 연산만 어느 정도 하면 수학 공부가 수월했던 1~2학년과는 달리 3학년부터 아이들은 개념과 씨름하지요. 특히 3학년 2학기, 분수가 나올 때부터 학교에서는 수학을 포기하는 아이들이 하나둘씩

생겨납니다.

아이들은 개념을 이해해야 수학 공부를 하려고 합니다. 어른에게는 쉬운 '분수' 같은 개념도 아이들에게는 어려운 걸림돌이에요. 3학년부터는 개념을 잡기가 정말 힘들어집니다. 그래서 3학년부터는 아이들이 개념을 잘 이해했는지 관심을 가져야 해요. 연산이 전부는 아니니까요.

모르는 부분을 확실하게 짚고 넘어가야 하기에 수학 사전을 펼쳐놓고 그때그때 소화해야 하는 수학 개념을 숙지하면 좋습니다. 모르는 단어가 나오면 국어사전을 펼쳐 확인하듯이 모르는 수학 개념이 나오면 수학 사전을 펼쳐 확인합니다. 인터넷을 조금만 검색해봐도 여러 가지 수학 사전을 찾을 수 있으니, 집에 아이가 볼 만한 수학 사전을 한 권 구비해놓는 것도 수학 공부에 많은 도움이 되겠지요. 그리고 인터넷 강의도 유용합니다. 모르는 문제와 개념을 인터넷 강의를 통해서 한 번쯤 다시 설명을 듣게 하면 좋아요. 특히, 부모가 옆에서 매번 봐줄 수 없는 상황이라면 『EBS 만점왕』과 같은 인터넷 강의를 활용하세요. 수학 사전을 살펴보고 인터넷 강의를 듣고 옆에서 엄마 아빠가 피드백까지 해준다면 개념을 잡는 일이 그리 어렵지만은 않을 것입니다.

"아빠, 최소 공배수는 두 수가 가진 제일 작은 똑같은 배수잖아
요. 근데, 이걸 왜 구해요?"

"다 구하는 이유가 있지. 나중에 통분과 약분이 나오는데, 최소
공배수, 최대 공약수를 배우지 않으면 그걸 못 하거든. 2학년
때 배운 곱셈을 못 하면 배수도 모르는 거잖아. 그것처럼 지금
이걸 모르면 나중에는 그냥 멍만 때리고 있어야 해."

5학년부터는 수학이 굉장히 어려워집니다. 최대 공약수, 최
소 공배수, 다각형의 넓이 구하기, 소수의 나눗셈… 생각만 해
도 머리가 지끈지끈합니다. 학교에서 한숨을 푹푹 쉬는 아이들
이 많아지는 시기지요. 그래도 그런 아이들은 조금 나은 편이
에요. 어느 정도 하려는 의지가 있어서 그런 거니까요. 점점 더
어려워지는 수학, 특히 5~6학년 시기에는 문제 풀이도 중요하
지만, 개념을 정확하게 알고 있는지 확인을 해야 합니다.

교실이나 집에서 수학을 가르치다 보면 다행히도 아이들은
궁금한 것이 정말 많다는 사실을 느낍니다. 수학을 공부할 때
궁금증이 있다면 수업은 일단 성공이에요. 학습은 호기심에서
부터 출발하니까요. 그래서 아이들이 호기심을 보이며 궁금한

내용을 질문할 때는 기회를 놓치지 않고 의사소통을 충실하게 해주는 것이 좋습니다. 의사소통 과정을 통해서 아이들은 수학에 대해 말하고, 추측하며, 생각을 글이나 말로 표현하면서 이해력이 높아지니까요. 수학 공부에서 말하고 듣고 읽고 쓰는 의사소통 활동은 필수적인 요소입니다.

의사소통으로써 문제의 해결 과정, 문제를 해결해야 하는 당위성에 관해 이야기를 나눠주세요. 그러면 아이들이 자신이 가진 수학의 개념을 조금 더 탄탄하게 체계화시킬 수 있을 테니까요. 그리고 혹시 모를 오개념을 정리할 수도 있고요. 이처럼 수학 공부를 할 때 의사소통은 정말 중요합니다.

사회
일상생활과의 연결 지점을 파악한다

앞으로 부동산 시장은 어떻게 될까요? 코로나19가 장기화되면 경제에는 어떤 영향이 있을까요? 정권에 따라서 정책은 어떻게 달라질까요? 우리는 궁금합니다. 정치, 경제, 사회는 우리의 일상생활과 밀접하게 연관되어 있기 때문이에요. 하지만 그 누구도 정확한 답을 예측하기는 어렵습니다. 대략 예측할 수는 있어도 100% 정확한 답을 할 수는 없겠지요. 사회는 바닷가의 모래알처럼 많은 사람들이 모여서 만들어낸 '복잡계'이기 때문입니다. 이런 복잡계에서 살아가는 우리, 그리고 그 복잡계에서 수많은 질문을 마음속에 품으며 살아가는 우리의 아이들. 우리에게는 모두 '사회 공부'가 필요합니다.

사회 교과의 교육 과정도 다른 교과처럼 하나의 점에서부터 시작해 범위를 넓혀갑니다. 사회과의 용어로는 '환경 확대법' 이라고도 해요. 학년이 올라가면서 점점 환경을 확대하는 방식으로 교과 과정이 짜여 있으니까요. 학년별 교과서를 살펴보면 사회의 교과 내용이 가족이라는 작은 점에서 지구촌이라는 넓은 범위까지 단계적으로 퍼져 나간다는 사실을 알 수 있습니다. 가족과 지구촌 사이에 이웃도, 고장도, 지역 사회도, 국가도 배우면서 아이들은 장차 사회의 흐름을 조망할 수 있는 눈을 키우지요. 그런 안목을 키우기 위해 초등학교 사회과에서 목표로 하는 것은 크게 3가지예요. ① 주변의 사회 현상에 관한 관심과 흥미 ② 생활과 관련된 기본적 지식과 능력 습득 ③ 기본적 지식과 능력을 주변 환경이나 문제에 적용할 수 있는 적극적인 태도입니다.

교육의 목표를 살펴보면 초등학교 시절에 배우는 사회 교과는 사회 감각을 키우는 데 밑거름이 된다는 사실을 알 수 있습니다. 그래서 교과에서 다루는 여러 가지 문제에 관해 아이와 함께 이야기를 나누고 고민해보는 과정이 필요하지요. 그래야 나중에 어른이 되어서도 치우치지 않는, 즉 균형 잡힌 사회 감각을 기를 수 있기 때문입니다. 일단 부모가 아이와 이야기를 나누려면 초등 사회과에서 무엇을 배우는지 확인할 필요가 있어요. 다른 과목들도 마찬가지겠지만, 부모가 먼저 고민해서 시나리오를 갖고 있어야 도움이 되는 대화를 할 수 있기 때문이에요. 권말 부록에서 사회과 내용 체계를 보면 아이가 어떤 내용을 배우는지 파악할 수 있습니다. 그리고 아이의 교과서와 문제집을 훑어보면 사회과에서 배우는 내용을 보다 구체적으로 알 수 있지요. 아이가 배우는 내용을 부모가 알고 있다면 일상생활 속에서 적시 적소에 말을 건네며 사회 공부가 그리 멀리 떨어져 있지 않다는 사실을 알게 할 수 있습니다.

📖 온라인 수업 팁 ①
정확한 개념이 중요하다

초등 사회 교과의 특징은 작은 곳에서 큰 곳으로 그 범위가 확장된다는 데 있습니다. 3학년은 시, 군, 구 단위의 지역 사회, 4학년은 시(특별시, 광역시), 도 단위의 지역 사회에 대해서 배워요. 5~6학년 교육 과정에서는 우리나라의 정치와 경제, 그리고 역사 분야에 대해서 배우고요. 그래서 아이들의 사회 공부를 봐줄 때는 작은 것부터 소중하게 여기는 태도가 필요합니다. 우리 동네에서 벌어지는 일이 우리 사회에서 벌어지는 일과 연관이 되니까요. 내가 사는 고장과 마을을 탐색해보는 작은 활동이 사회 공부의 시작이기에 온라인 수업에서 고장을 탐색해보는 과제가 나온다면 아이와 함께 의욕을 갖고 열심히 하려는 태도가 중요합니다.

얼핏 쉬워 보이지만 실제로 아이의 온라인 수업을 봐주려고 하면 부모도 혼동하는 개념이 많습니다. 예를 들어 4학년 1학기 3단원 '지역의 공공 기관과 주민 참여'를 보면 공공 기관의 개념이 나와요. 처음에는 쉽게 느껴집니다. '공공 기관 그까짓 거 하나 못 가르치겠어?' 하는 마음으로 따로 공부하지 않고 가르쳐주다 보면 아이에게 오개념이 생길 수 있어요. 쉬운 것 같은데 쉽지 않은 것이 초등학교 사회 교과의 함정입니다. 시장은 공공 기관일까요, 아닐까요? 사람들이 많이 모이는 곳이니까 공공 기관이라고 생각하면서 "시장도 공공 기관이야"라고 말해주면 낭패입니다. 시장은 공공 기관이 아니에요. 사람들이 많이 모이기는 하지만 공공의 이익보다는 물건을 사고파는 개인의 이익을 위한 장소이기 때문이지요.

공공 기관처럼 어른들이 모호하게 알고 있는 사회과의 개념들은 꽤 많습니다. 그래서 사회 공부를 제대로 도와주기 위해서는 교과서를 읽어보고 문제집도 살펴봐야 해요. 어떻게 하면 모호한 내용을 쉽게 설명할 수 있을지 미리 고민한다면 아이의 사회 공부에 더 큰 도움이 되어줄 수 있습니다.

📖 온라인 수업 팁 ②
본격적인 역사 공부 전 배경지식을 쌓는다

역사 영역은 아이들 사이에서 호불호가 많이 갈립니다. 이야기를 통해서 역사를 접한 아이들은 굉장히 좋아하는데, 그렇지 않은 아이들은 "그걸 뭐 하러 배워?" 하면서 심드렁하지요. 그렇기 때문에 역사 영역을 흥미 있게 만들어주려면 아이들이 이야기를 통해서 역사를 접하게끔 하면 좋습니다. "편안한 마음으로 흥미를 갖게 하면 됩니다"라고 말하면 좋을 텐데, 사실 현실적으로 그러기는 어려워졌습니다. 바로 5학년 2학기 사회 교과서 때문이에요. 2015 개정 교육 과정으로 인해 5학년 2학기 사회 과목이 숨 가쁘게 돌아가게 되었거든요. '나라의 등장과 발전'부터 '대한민국 정부의 수립과 6·25 전쟁'까지, 우리나라 역사를 한 학기 만에 배워야 해서 아이들에게 5학년 2학기 사회는 '역대급' 난이도예요. 배경지식이 없는 아이들은 정말 숨 가쁘게 역사를 배울 수밖에 없다는 사실에 약간은 안타까움을 느낍니다.

물론 교육 과정을 재편하고 교과서를 개정하면서 분량을 줄이고 배울 내용만 배우게 된 것은 사실이에요. 하지만 분량을 줄였기에 전체적인 맥락을 제대로 알지 못하면 단편적인 사실 위주만으로 알게 된다는 단점이 생겼습니다. 그래서 단점을 최대한 보완하려면 미리미리 아이들에게 책이나 이야기로써 역사를 접하게 해 어느 정도 배경지식을 쌓게 하는 것이 좋습니다. 코로나19 이전이었다면 아이들과 함께 부여권, 경주권 등을 여행하며 삼국 시대, 통일 신라 시대의 유적과 유물을 보여주고, 수도권의 궁궐과 왕릉을 돌며 조선 시대의 역사를 몸소 체험하게 하는 방법을 권했을 거예요. 아무래도 몸으로 배우는 역사가 아이들에게는 훨씬 더 와닿으니까요. 만약 코로나19가 진정되거나 종식된다면 여행은 역사 공부에 정말 좋은 방법이니, 꼭 시도해봤으면 합니다.

보다 현실적인 접근법으로 아이들이 볼 만한 역사책을 집에 몇 권 들여놓는 방법을 추천합니다. 책을 통해 미리 교과 내용을 살펴보면 학기 중의 역사 수업을 이해하기가 수월해지거든요. 몇 권 추천하자면 다음과 같습니다. 우선 '역사로드 한국사' 시리즈는 현직 선생님들이 집필한 책이에요. 만화 구성으로 어려운 한국사를 쉽게 풀어놓았지요. 각 권마다 교과서 연계 부분이 표시되어 있어 아이들이 공부하면서 읽기 좋습니다. '용선생의 시끌벅적 한국사' 시리즈, '한국사 편지' 시리즈는 모두 가독성이 뛰어나요. 어려운 역사를 읽기 쉬운 이야기로 풀어서 아이들이 읽기에 안성맞춤이거든요. 이런 책을 통해서 미리 한국사를 접한다면 5학년 2학기, 단 한 학기 만에 한국사를 배워야 하는 어려움을 극복하는 데 많은 도움이 될 것입니다.

과학
아이의 호기심을 자극한다

 과학은 아이들의 호기심을 자극해줄 수만 있다면 공부하기 어려운 과목은 아닙니다. 아이들은 여름철 나무에 매달려 있는 매미 껍데기, 비 온 뒤 길바닥을 기어 다니는 지렁이, 아이스크림 포장에 들어 있는 드라이아이스에도 열광하니까요. 그런 의미에서 과학 교과서는 호기심을 잔뜩 모아놓은 책입니다. 우리 주변에서 볼 수 있는 현상들을 책 한 권에 모두 넣어놓았거든요. 여기서 문제는, 너무 많이 모아놓은 나머지 재미를 잃어버리게 한다는 데 있지요. 사실 아이들이 자발적으로 궁금해하는 내용만을 가르치면 좋겠지만, 그러면 교육 과정을 운영하기가 어렵습니다. 아이마다 호기심을 느끼는 대상과 강도가 다르기 때문이에요. 그래서 교과서에는 배워야 할 만한 내용들이 들어가는데, 그중에는 아이들이 자발적으로 호기심을 느끼지 못하는 내용들도 많이 들어가 있어 재미가 반감됩니다.

그러므로 과학을 공부할 때는 반감된 재미를 다시 찾아주는 것이 중요합니다. 호기심을 느끼도록 도와주고 아이 앞에서 벌어지는 현상이 무엇인지 알려주는 것이지요. 일상생활에서부터 말이에요. 길을 걸어가다가 조그만 벌레를 발견하곤 쪼그려 앉아 물끄러미 바라보던 아이의 모습에서 학습의 흥미를 이끌어낼 수 있습니다. 함께 벌레를 구경하며 다리가 몇 개인지, 어떻게 기어가는지, 무엇을 물고 가는지 등을 이야기하면서 관찰하는 일을 응원해줄 수 있거든요. 그렇게 벌레를 관찰한 아이들은 3학년 2학기 과학 공부를 하는 셈입니다. 3학년 2학기에 동물의 한살이에 대해서 배우니까요. 주변에서 일어나는 일이 교과서에 나오는 것입니다. 일식이 있던 어느 날, 폴리프로필렌 과자 봉지를 들고 하늘을 바라보며 태양이 작아지는 모습을 본 아이는 6학년 1학기 과학 교과서를 접하면 다른 느낌이 들 거예요. '그때 내가 봤던 태양의 모습이 교과서에 나오네'라는 마음으로 보지 않을까 싶습니다.

📖 온라인 수업 팁 ①
개념과 용어를 정확하게 전달한다

"어머, 예전 우리 때는 변태라고 배웠는데 이젠 탈바꿈이라고
하네요."

"용어가 바뀌었어요. 우리가 배울 때랑은 조금 달라졌거든요."

3학년 2학기 과학을 접한 부모들의 반응입니다. 부모 세대가
공부하던 때와 용어가 바뀌었기 때문이지요. 동물의 한살이를
배우는 단원을 살펴보면, 곤충이 알에서 깨어나 애벌레가 되고,
탈바꿈을 통해 유충에서 성충으로 변합니다. 부모 세대는 '탈바
꿈'을 '변태'라고 배웠기 때문에 어리둥절할 수도 있어요. 그래
서 아이의 과학 공부를 봐주려면 미리 교과서를 한 번쯤 들춰
봐야 합니다. 기본적인 내용이 어렵지 않기에 용어를 한 번만
살짝 스캔하듯이 살펴봐도 되거든요. 5분만 시간을 투자해서
권말 부록에 있는 과학과 내용 체계를 살펴보세요. 그리고 나
서 그때그때 아이의 교과서나 문제집에 나온 개념 정리 부분을
보면 훨씬 수월하게 아이의 집공부를 봐줄 수 있을 것입니다.

📖 온라인 수업 팁 ②
과학적 절차를 체험하게 한다

"그걸 왜 해? 그냥 동영상 보고 실험 관찰 문제나 잘 풀어."

온라인 수업 결과물을 확인하면서 피드백을 할 때 몇몇 아이들에게서 종종 들려오는 말입니다. 영상을 제시하면서 간단한 실험을 하도록 과제를 내주는데, 어떤 아이들은 아무것도 하지 않고 그냥 오기도 하거든요. 집에서 부모님이 하지 말라고, 그냥 실험 관찰만 풀면 된다고 했다는데, 그럴 때는 선생님들도 말문이 막히지요.

코로나19로 인해 온라인 수업을 하면서 가장 피해가 큰 과목은 어쩌면 과학이 아닐까 싶습니다. 평소였다면 실험과 관찰 위주로 진행되던 수업이 집에서 동영상을 보는 정도로 제한되었으니까요. 등교 수업을 하는 지역도 마찬가지입니다. 과학 실험은 모둠 활동으로 이뤄지는 경우가 많은데, 등교 수업을 하더라도 실험은 대표 실험만 하는 경우가 많거든요. 모둠 활동으로 하면 가까이 붙어 앉아야 해서 거리두기가 되지 않기 때문이에요. 온라인이든 등교 수업이든 과학 교과를 효율적으로 공부하는 데는 많은 제약이 있습니다.

과학 수업은 교과서에 있는 지식을 암기한다고 하면 사실 할 것이 별로 없습니다. 관찰하고 생각하고 고민하는 과정, 전문

용어로는 통합 과학 탐구 기능을 기르는 것이 과학 공부를 하는 이유니까요. 문제를 인식하고 가설을 설정한 후, 변인 통제를 통해 자료를 변환하고 그것을 해석해서 결론을 도출하고 일반화하는 것까지 아이들은 과학 시간을 통해 '꼬마 과학자'로서 열심히 과제를 수행합니다. 원래 수업처럼 집에서도 이 과정이 이뤄지기는 어렵겠지만, 아이들이 조금이나마 맛볼 수 있도록 부모가 보다 세심하게 배려해줄 필요가 있어요. 아이들의 의욕적인 과학 탐구를 위해서 말이지요.

예를 하나 들어보겠습니다. 3학년 2학기 과학 교과서 50~51쪽에 나오는 '운동장 흙과 화단 흙은 어떻게 다를까요?'를 온라인 수업으로 진행한다면 어떻게 할까요? 아마도 대표 실험 동영상을 제시할 거예요. 아이들은 실험 동영상을 보면서 알 수 있는 것들을 파악하려고 노력하겠지요. 아이들이 제대로 온라인 수업을 하도록 도와주려면 부모가 제대로 기다려줘야 합니다. 어떤 아이들은 직접 물 빠짐을 관찰하고 싶어서 집 안에 있는 화분 흙과 다른 곳의 모래를 구해 실험하고 싶어 하기도 할 거예요. 그럴 때 부모가 아이에게 보이는 반응에 따라 아이는 과학을 즐길 수도 있고, 아니면 그저 그렇게 생각할 수도 있어요.

당연히 아이들이 하고 싶어 하는 것을 다 해주기는 어렵습니다. 진짜로 흙을 파서 실험을 하면 보나 마나 집 안은 더러워질 테니까요. 아무리 부모라도 아이가 원하는 모든 것을 허용해주기는 힘듭니다. 설령 공부를 위한 과학 실험일지라도요. 하지만 일단은 아이에게 "우선 동영상을 보면서 흙의 종류에 따라 물이 빠지는 속도가 달라지는지 확인한 다음에 실험 관찰을 잘 정리하자. 그리고 오늘 온라인 수업이 끝나고 나서도 시간이 남으면 정말 그렇게 되나 한번 실험을 해볼까?"라고 말할 수는 있을 거예요. 대부분은 온라인 수업을 마치면 시간이 남지 않기 때문에 실험할 일이 거의 없습니다. 만약 시간이 남아서 정말로 실험을 해야 할 상황이 되면 아이는 다음 날 온라인 수업에서도 의욕을 가질 수 있겠지요. 열심히 하면 그만큼의 보상이 따라오니까요.

📖 온라인 수업 팁 ③
주말을 이용해서 실험한다

과학 교과서를 살펴보면 실험이 많이 나옵니다. 그런데 주중에는 부모와 아이가 모두 바빠 실험하기가 어렵지요. 그래서 실험은 시간이 많은 주말에 하는 것이 좋습니다. 교과서에는 아이가 수행해볼 만한 실험이 많이 나와요. 곤충 관찰부터 프리즘을 통과하는 빛의 굴절, 전기 회로 구성하기와 같은 실험들… 힘과 운동, 전기와 자기, 열과 에너지, 파동, 물질의 구조,

생물의 구조와 에너지, 생명의 연속성, 환경과 생태계, 고체 지구, 대기와 해양, 우주 등 초등 과학 교과에서 다루는 영역만큼이나 다양한 실험들이 교과서에는 망라되어 있어요. 모든 실험을 집에서 다 해볼 수는 없겠지만, 아이가 흥미롭게 느낄 만한 몇 가지 정도는 함께해보는 것이 아이의 호기심을 유지하는 데 효과적입니다.

실험도 좋고, 생활 속의 여러 가지 활동으로써 아이들이 과학을 즐기게끔 해주는 것도 좋습니다. 골드버그 장치를 응용한 보드게임을 통해서는 물체의 속력, 자기장의 원리, 위치 에너지, 운동 에너지 등의 개념을 알려줄 수도 있지요. 게임을 하면서 공부하게 되는 셈이에요. 물고기나 달팽이 등 작은 동물을 키우며 아이들은 동물의 한살이를 관찰할 수 있습니다. 동물을 키우면서 얻는 공감 능력은 덤이고요. 마트 수산물 코너에서 물끄러미 바라보던 물고기를 사 갖고 와 집에서 충분히 관찰한 후에 그림으로 그려봐도 좋아요. 어쩌면 과학은 교과서로도 배우지만 생활 속에서 놀면서도 충분히 즐길 수 있을 만한 과목입니다. 부모가 조금만 고민한다면 과학은 아이들에게 재미있는 놀이 같은 과목이 되지 않을까 싶어요. 적어도 초등학교 시절에는 말이지요.

영어
온라인 수업은 영어 공부의 좋은 기회다

초등학교에서 배우는 여러 가지 과목 중 부모들이 가장 관심을 쏟는 과목은 무엇일까요? 사실 어떤 과목이 가장 중요한지 순위를 매길 수는 없습니다. 하지만 어떤 과목에 더 많은 돈을 쓰는지를 알면 관심도를 파악하는 데 도움이 될지도 모르겠어요. 2020년 3월, 교육부와 통계청은 '초중고 사교육비 조사 결과'를 발표했습니다. 통계에 따르면 영어는 6조 1,381억 원, 수학은 5조 8,915억 원, 국어는 1조 5,013억 원이었지요. 1위를 차지한 영어 사교육비를 아파트로 환산한다면? 한 채에 10억 원씩 하는 비싼 아파트를 6,138채나 살 수 있는 돈이에요. 이처럼 우리나라 사람들은 정말 어마어마한 돈을 영어에 쏟아붓고 있습니다.

📖 시간을 잡아먹을 것인가, 절약할 것인가

우리나라에서 '영어'란 무엇일까요? 일단 잘하면 "우아" 하고 사람에 대한 인식이 달라지는 이른바 '치트 키'가 아닐까 싶어요. 똑같은 능력, 똑같은 학력의 사람이라도 영어 구사 능력에 따라 달리 보는 게 우리 사회니까요. 또 다른 하나는 입시에서 차지하는 비중입니다. 입시에서 영어가 절대 평가로 바뀌면서 영어의 위상이 다소 내려갈 거라는 예측도 있었지만, 사실 그렇지 않습니다. 절대 평가로 바뀌면서 영어는 1등급을 받아야 우위를 점할 수 있는 과목에서 1등급을 받아야 손해 보지 않을 수 있는 과목으로 인식이 변했지요. 다시 말해 마이너스가 되지 않기 위해서라도 영어를 잘해야 한다는 인식이 팽배해졌다고나 할까요.

영어는 언어이기 때문에 공부하는 데 비교적 많은 시간의 투자가 필요합니다. 외국어의 특성상 막상 닥쳐서 단시간에 공부하기란 어렵지요. 그래서 영어를 잘하는 아이들은 그만큼 시간을 절약할 수가 있습니다. 영어가 이미 되는 아이들은 실력을 유지하기만 하면 되거든요. 반대로 영어를 잘하지 못하는 아이들은 실력을 어느 정도까지 궤도에 올리기 위해서 많은 시간을 투자해야 합니다. 한마디로 영어는 시간을 잡아먹는 괴물이 될수도, 시간을 절약해주는 효자 과목이 될 수도 있는 셈이에요.

그래서 초등학교 때는 영어에 많은 신경을 써주는 것이 좋습니다. 아무래도 시간이 그나마 많을 때가 초등학교 시절이니까요. 일찍 시작하고 시간을 투자해서 영어에 능숙해진다면 아이들은 중고등학생이 되어 시간의 여유를 가지며 다른 과목도 편안하게 공부할 수 있을 것입니다.

📖 미리 공부할수록 부담이 적은 초등 영어

3학년부터 시작되는 초등학교 영어 수업. 처음은 알파벳 배우기부터 시작합니다. 그다음에 알파벳 3~4개로 된 단어를 쓰는 활동을 하지요. 3~4학년의 경우는 대부분의 교과서에서 듣고 말하는 활동을 많이 제시해요. (참고로 초등학교 영어는 검정 교과서를 사용해 학교마다 교과서가 다릅니다.) 그리고 5~6학년에서는 문장으로 글을 쓰는 활동을 합니다. 이때 명시적이진 않지만 구문을 통해 문법 패턴을 배우지요.

2015 개정 교육 과정의 초등 영어과 내용 체계를 살펴보면 초등학교에서 무엇을 공부하는지 그 내용을 보다 명확하게 파악할 수 있습니다. 초등학교에서 영어는 간단한 문장을 말하고 듣고 읽고 쓸 수 있으면 성취 기준을 충족한 것으로 간주합니다. 초등학교 영어는 잘하는 아이들에게는 크게 부담이 없

는 수준이에요. 2015 개정 교육 과정에서 규정하는 어휘의 수는 500개 내외며, 문장의 길이도 길지 않지요. 3~4학년은 단일 문장에서 단어의 수가 7개, 5~6학년은 9개로 비교적 짧은 문장으로 제한된 단어를 통해 영어를 익히게끔 되어 있으니까요. 그리고 학습 부담을 경감시키고 아이들이 영어를 재미있게 배우는 것에 중점을 두고 있어 아이들이 교육 과정을 따라가기는 비교적 쉽습니다. 물론 이조차도 복습이 제대로 이뤄지지 않는다면 힘들겠지만요.

📖 온라인 수업 팁 ①
영어 '습득'에 시간을 투자한다

부모는 아이가 학교 영어 정도는 100% 완수할 수 있도록 온라인 수업을 봐줘야 합니다. 가정에서 개인적으로 영어 공부를 한다고 하더라도 온라인 수업은 확실하게 해주는 것이 효과적이에요. 일단 아이가 잘 알더라도 영어는 '연습'이 중요하기에 학교에서 수업으로 제시하는 내용도 돌다리를 두드려가며 걷는 심정으로 열심히 하는 것이 좋습니다. 학교에 가서 공부한다면 알아서 잘할 테니 신경 쓸 일이 없겠지만, 온라인 수업으로 영어를 공부한다면 콘텐츠로 제시하는 영상, 과제로 제시하는 쓰기 활동 등을 제대로 할 수 있도록 옆에서 독려해주는 것이 중요하지요. 간단해 보이지만 문법 요소들과 구문 위주로 학습하는 학교 영어도 기본적인 영어의 틀을 잡아주는 데 효과적이기 때문에 아는 내용이라도 복습을 해야 합니다. 그리고 챈트도 함께 따라 하면서 말하는 연습을 하게 해주고, 그 외에 온라인 학습으로 제시하는 내용을 충실히 따라가는지 살펴보세요.

✎ (좌) 4학년 영어 교과서.
　(우) 5학년 영어 교과서.

영어는 학교 수업도 중요하고 한 걸음 더 나아가서 공부할 수 있도록 가이드를 주는 것도 중요합니다. 중고등학생이 되었을 때 영어 공부에 너무 힘을 빼지 않기 위해서지요. 무엇보다 영어 '습득'에 시간을 투자해야 합니다. 아무래도 온라인 수업이 계속되면 집에 있는 시간이 늘어날 수밖에 없어요. 시간적 여유가 생기는 만큼 영어 영상도 충분히 보여주고, 흘려듣기나 읽기 활동도 지속해주면 아이가 영어에 익숙해지고 실력이 늘어날 확률이 높아질 겁니다.

📖 온라인 수업 팁 ②
흘려듣기와 영상으로 영어에 꾸준히 노출시킨다

온라인 수업을 하면 집에 있는 시간이 많습니다. 그래서 영어 습득을 위해 그 시간 동안 아이에게 영어 노출을 해주면 좋아요. 아이의 귀에 들리는 영어를 통해 영어 근육을 키워줄 수 있는 효과적인 방법이니까요. 영어 노출은 간단합니다. 아이가 좋아하는 DVD, 챕터북의 CD, 혹은 다른 음원을 USB에 담아 틀어주기만 하면 되거든요. 영어 노출 전용 인비오를 하나 들여놓는 것도 많은 도움이 됩니다. 물론 노트북이나 스마트폰에 스피커를 연결하거나 CD를 틀어줘도 되지만, 인비오로는 DVD 음원까지 재생할 수 있어 조금 더 간편해요. 노는 시간, 밥 먹는 시간에 음원을 틀어서 영어 흘려듣기를 해주면 좋습니다.

아이에게 하루에 1~2시간 정도 영어 애니메이션이나 실사 영화를 보여주는 방법도 영어 노출에 효과적입니다. 집에만 있어 심심한 마음을 영상이 잠재워주기도 해서 일석이조이기도 하고요. 처음으로 영어 영상을 접할 때는 힘들어할 수도 있어요. 그래서 처음에는 부모가 옆에서 "우아", "어머나" 하는 추임새를 넣어줘도 좋지요. 그리고 무엇보다 말이 빠르지 않은 영상을 선택해야 실질적으로 도움이 됩니다. 내용 전개가 빠르지 않은 'Arthur', 'Peppa Pig', 'The Berenstain Bears', 'Go Jetters', 'PJ Masks' 같은 단편 시리즈를 보여주면 반복되는 표현을 잘 습득할 수 있어요.

흘려듣기와 영어 영상 노출을 지속해서 하다 보면 아이의 귀가 어느 정도 트이는 장면과 마주할 수 있습니다. 외국어 공부의 특성상 한두 달에 이뤄지는 게 아니라 1~2년 장시간에 걸쳐 변화를 확인할 수 있기에 당장은 보이지 않지만요. 개인적으로 아이들이 1학년 때부터 흘려듣기 및 영상으로 영어 노출을 해줬는데, 고학년이 되어 여행을 가서 자기들끼리 알아서 영어로 말하고 원하는 바를 표현할 때 뿌듯하더군요. 이처럼 영어는 장기전이라는 생각으로 매일매일 꾸준히 노출하는 것이 중요합니다.

📖 온라인 수업 팁 ③
읽기는 음원 있는 책으로, 쓰기는 영어 일기로

외국어 학습도 모국어와 마찬가지로 4가지 영역을 고루 학습하는 것이 중요합니다. 듣기, 말하기, 읽기, 쓰기의 4가지 영역이 골고루 발달해야 원활한 의사소통이 가능해지니까요. 영어 노출을 통해서 입과 귀를 틔워주는 동시에 읽고 쓰는 활동을 통해서 문자로서의 언어를 익히게 해주면 균형 잡힌 영어 습득을 할 수 있습니다. 아이가 문자로서의 언어를 익히는 방법은 직접 영어를 읽으면서 쓰는 활동이에요. 그런데 문제는 부모도 영어가 익숙지 않아서 아이에게 글을 읽어주면서 하나하나 가르쳐주기 힘들다는 것이지요.

그래서 영어도 수학을 예습할 때 온라인 강의를 활용하는 것처럼 다른 무언가의 힘을 빌리면 쉬워집니다. 바로 음원이 있는 책을 이용하는 거예요. 아이에게 음원을 따라 읽게 하면 훨씬 힘이 덜 들면서도 의미 있는 인풋을 줄 수 있거든요. 처음에는 음원이 있는 쉬운 동화책부터 시작해서 차근차근 진행해 어느 정도 수준에 다다르면 챕터북으로 넘어가서 읽기에 익숙해지도록 해주세요.

그리고 읽는 활동과 더불어 쓰는 활동도 병행하면 좋습니다. 처음에는 간단한 한두 줄의 문장을 베껴 쓰기부터 시작해, 영어 노출을 시작하고 3~4년 차쯤 되었을 때 영어 일기를 쓰도록 옆에서 도와준다면 영어 쓰기 실력 향상에 긍정적인 영향을 줄 수 있어요. 사실, 이 과정은 초등 5~6학년의 영어과 성취 기준인 '7~9 단어를 이용해 문장을 완성할 수 있다'를 훨씬 뛰어넘는 것이에요. 하지만 앞서 언급한 바대로 초등학교 영어의 경우에는 교과 기준을 넘어서 어느 정도 실력을 미리 갖춰놓으면 좋습니다. 중고등학교에 가서 다른 과목을 공부하는 시간적 여유를 가질 수 있기 때문이지요.

"아이 영어 공부요? 지금까지 알려드린 대로만 하면 아주 쉬워요"라고 말하고 싶지만, 아이의 영어 공부를 봐주다 보면 '이걸 때려치워, 말아?' 하는 생각이 들 만큼 힘이 듭니다. 영어 역시 꾸준한 노력이 필요한 공부라서 그렇지요. 주변에서 엄마표 또는 아빠표로 아이와 영어 공부를 하는 집을 보면 쉽게 알 수 있을 거예요. 그런 부모들과 이야기도 나누고, 그런 주제를 다룬 책도 보면서 지치지 말고 꾸준히 공부를 이어가도록 하는 게 좋습니다. 당장은 힘들어도 나중에 아이가 잘하는 모습을 보면 보람을 느낄 수 있거든요. 만고불변의 진리인 노력은 쓰고 열매는 달다는 것, 특히 아이의 영어 공부에서 마음에 새겨졌으면 합니다.

예체능
철저한 준비, 꾸준한 연습, 확실한 동기 부여

"이번 주에 리코더 수행 평가를 보는데 그것 때문에 애가 아무것도 못 하고 있어요."

"초등학교 때 미술을 좀 해놓을걸 그랬어요. 수행 평가를 보려고 하니까 영 찝찝하네요."

중학생 자녀를 둔 동료 선생님이나 학부모님과 이야기를 하다 보면 예체능 때문에 종종 답답함을 토로합니다. 고등학교 입학에도 내신이 중요한데 예체능을 못하면 아무래도 불리할 수밖에 없으니까요. 수행 평가의 압박에 예체능도 잘해야 하지만 문제는 시간입니다. 다른 과목을 공부할 시간도 빠듯한데, 예체능에 시간을 투자하려니 조바심이 날 수밖에요. 초등학교 때 리코더와 단소라도 잘 불어놓았다면, 그림 그리는 연습을 더 해놓았다면, 농구 할 때 슛하는 자세라도 가다듬어놓았다면 시간 관리하기가 조금 나았을까요? 중학교 아이들은 예체능 때문에 은근히 스트레스를 받습니다. 예체능은 무언가를 익히는 데 시간이 오래 걸리는 과목이기 때문이에요.

많은 부모들이 예체능의 중요성을 간과합니다. 코로나19 이전, 매일매일 등교했을 때 학교에서 가르치고 연습하라고 하면 아이들은 리코더나 단소를 곧잘 연주했지요. 그런데 코로나19로 등교 수업을 띄엄띄엄하는 상황에서 악기 연주는 정말 어렵더군요. 비말을 전파할 수도 있다는 문제 때문에 방역 지침상 리코더나 단소 같은 관악기의 연주나 노래는 하기가 불가능하기 때문이에요. 그래서 교육지책으로 아이들에게 운지법을 알려주고 리코더나 단소를 연주하라는 과제를 내주기도 합니다. 미술도 마찬가지예요. 수업 시간에 할 수 없기에 간혹 그림 그리기나 만들기 과제를 내주지요. 그러고 나서 검사 시간이 되면 몇몇 아이들은 이렇게 말하곤 합니다.

"선생님, 우리 엄마가 하지 말라고 했어요."

아이들의 반응을 보면서 안타까움을 느낍니다. 학교에서는 아이들에게 필요한 공부를 시키는데, 부모들이 애써 무시하면서 아이들이 연습할 기회를 버리니까요. 초등학교 때야 별문제가 없겠지만, 나중에 중고등학교에 가서 수행 평가를 할 때 아이들이 무척 고생할지도 모릅니다. 지금이야 수행 평가 점수도 후하게 주고 무조건 잘한다고 칭찬해줄 수도 있지만, 수행 평가를 철저하게 치르는 중고등학교에서는 예체능을 잘하지 못하면 아이들이 스트레스를 받을 수밖에 없거든요.

중고등학교 시절을 위한 대비를 차치하고서라도 예체능은 아이들에게 좋은 영향을 주는 과목입니다. 음악과 미술로는 정서를 함양할 수 있고, 체육으로는 건강 유지를 위한 기능을 배울 수 있으니까요. 아이들이 지금 당장 얻을 수 있는 효용을 보면 예체능은 절대 건너뛰어서는 안 되는 과목이에요. 정서적으로 풍성한 아이들이 아무래도 행복함을 느끼게 될 확률이 높거든요. 그래서 아이들의 교육을 전면적으로 고려하는 부모들은 예체능도 중요하게 생각합니다. 예체능 교육이 아이들에게 정서적인 자산이 되고, 중고등학교 시절의 공부에도 좋은 영향을 미친다는 사실을 인지하기 때문이지요. 그러므로 초등학교 시절의 예체능은 그냥 대충 넘길 수 있는 과목이 아니라는 것을 유념해야 합니다.

📖 온라인 수업 팁 ①
음악, 악기 연주는 꾸준히 연습한다

온라인 수업으로 음악을 할 때 노래 부르기는 그리 어렵지 않습니다. 동영상을 보고 음원을 들으면서 노래하면 되니까요. 그런데 확실히 기악 부분은 까다롭습니다. 리코더, 단소, 소금, 장구 등을 연주하기. 기악은 한 번에 잘하기는 힘들고, 꾸준한 연습이 필요하기 때문이에요. 초등학교 음악은 여러 곳의 출판사에서 출간하는 검정 교과서를 사용하기에 학교마다 약간씩 차이는 있지만, 대부분 학교에서는 3학년부터 리코더를 시작하고, 5학년이 되면 단소나 소금 같은 전통 악기를 연주합니다.

리코더를 연주할 때 아이가 어려워하는 부분은 악보와 운지법입니다. 계이름과 운지법을 숙지하는 것이 힘들거든요. 그래서 아이가 악보를 볼 수 있도록 도와주고, 운지법을 익혔는지 옆에서 봐주면 좋습니다. 리코더 연습곡의 경우 몇몇 교과서에는 계이름이 제시되어 있는데, 만약 그렇지 않다면 음표 위나 아래에 계이름을 써줘도 괜찮습니다. 부모는 '그냥 리코더 구멍을 손가락으로 막으면 되는 거 아니야?'라는 생각이 들 수도 있지만, 아이에게는 확실히 어렵거든요. 그래서 조바심을 내지 않도록 천천히 연습하게 해주세요. 전체를 연습하기보다는 한두 마디씩 끊어서 연습하고, 그것을 연주할 수 있으면 그다음 한두 마디를 연주하는 식으로 차근차근 연습하도록 하면 도움이 됩니다.

리코더는 운지법이 어렵지만, 소리는 비교적 수월하게 낼 수 있습니다. 하지만 단소와 소금은 소리를 내는 것조차 어렵지요.

취구가 리코더와는 다르기 때문이에요. 단소는 U자로 된 취구와 입술을 잘 맞춰야 소리가 나는데, 여간 어렵지 않습니다. 소금은 O 모양으로 된 취구와 입술을 잘 맞춰 바람을 불어넣어야 소리가 나는데, 역시 어렵지요. 일단 소리를 내는 것부터가 어렵기 때문에 집에서 연습할 때 간단한 팁을 주면 좋아요. 비타민 드링크 병 정도 크기의 조그만 유리병을 하나 준비해 입술을 오므려서 소리 내는 연습을 하도록 해주세요. 유리병에서 자유자재로 소리를 내면 어느 정도는 감을 잡을 수 있습니다. 그때 단소와 소금으로 소리 내는 법을 연습하면 조금은 수월하게 소리를 낼 수 있게 됩니다.

📖 온라인 수업 팁 ②
미술, 준비물을 꼼꼼하게 챙긴다

온라인 수업으로 미술을 하다 보면 문제가 생깁니다. 부모도 미술을 잘하지 못하는데, 어떻게 아이를 도와줄 수 있을까요? 솔직히 개인적으로 미술이 참 답답합니다. 누군가를 가르치기에는 한없이 부족한 실력, 사람을 '졸라맨'으로 그릴 수밖에 없는 실력으로 아이를 가르치기란 쉽지 않거든요. 그럴수록 인터넷을 잘 활용하면 됩니다. 조금만 공을 들여서 검색하면 무료로 볼 수 있는 동영상이 많습니다. '판화로 표현하기', '수채화 그리기' 같은 키워드로 검색을 하면 무수히 많은 동영상이 나와요. 이제부터 부모가 할 일은 어떤 동영상이 보기에 편한지 확인하고 아이와 함께 보는 것입니다.

동영상을 함께 보면서 따라 하는 것만으로도 온라인 수업이 잘 끝나면 좋을 텐데, 그렇게 미술 수업이 끝나지는 않습니다. 집에서 아이와 그리기나 만들기를 하려고 보면 난감할 때가 많아요. "수채화 물감이 없어요." "포스터컬러가 없어요." "사포가 있으면 더 깔끔하게 될 텐데……." 미술 과제가 있어서 단단히 마음먹고 아이와 함께해보려고 하면 꼭 뭔가 없는 것이 있습니다. 수채화를 그리려는데 물감이 없고, 포스터를 그리려는데 포스터컬러가 없어요. 마음먹고 제대로 하려고 책상 앞에 앉았는데, 준비물이 없으면 난감하기도 하고 김이 빠지기도 하지요. 그래서 미술 수업을 하기 전에 준비물을 챙기는 과정은 정말 중요합니다. 특히 1~2학년의 경우에는 통합 교과에서 만들기 활동이 많이 나오기 때문에 그날그날 온라인 수업에 필요한 준비물을 꼼꼼하게 보고 챙겨야 아이가 안정적으로 뭔가를 만들 수 있어요. 담임 선생님이 공지하는 주간 학습 안내도 잘 살피고, 매일매일 올려주는 수업 안내도 잘 살펴서 준비물을 꼼꼼하게 확인하는 과정이 필요합니다.

📖 온라인 수업 팁 ③
체육, 동기 부여가 중요하다

"아빠, 체육 온라인 수업에서 태권도 기본 동작을 하는데, 동영상을 찍어서 올려야 해요."

4학년 둘째의 온라인 수업을 봐주던 어느 날, 체육에서 갑자기 태권도 발차기가 나오더군요. 동영상을 보고 기본 동작을 연습한 다음에 그것을 동영상으로 찍어서 게시판에 올리는 게 과제였습니다. 그래서 저녁에 아이와 함께 태권도를 연습했지요. 거실 책상을 한쪽으로 치우고 땀을 삐질삐질 흘리며 발차기 연습을 했어요. 그러고 나서 제안을 하나 했습니다. 이왕 찍는 거 옷도 제대로 갖춰 입고 찍어보자고요. 그래서 코로나19 이후로 옷장 안에 고이 잠들어 있던 도복을 꺼내 입고 태권도 기본 동작 영상을 찍었습니다. 그런데 그게 한 번에 되나요? 자꾸 NG가 나고 아이는 "한 번만 더요"를 말했어요. 몇 번을 찍고 또 찍어서 2분짜리 동영상 하나를 만들어냈습니다. 둘째는 자신의 동영상을 보며 엄청나게 뿌듯해하더군요. 안 찍었으면 큰일이라는 생각이 들 만큼 말이지요.

그래도 태권도는 보여줄 수 있는 게 있어서 괜찮은데, 정말 난감하게도 생존 수영 역시 온라인으로 배웁니다. 3~4학년은 체육 시간에 생존 수영을 배우는데, 코로나19 이전에는 직접 수영장에 갔었어요. 체육에서는 1년 중에 가장 큰 행사였지요. 그런데 온라인 수업을 하게 되면서 수영장에는 갈 수 없는 상황이 되었습니다. 하지만 가르치는 내용은 그대로예요. 학교에서도 생존 수영을 가르쳐야 하기에 어쩔 수 없이 온라인 수업에서 생존 수영을 다룹니다. 그래서 이런 과제를 내주기도 해요. '세면대에 물을 받아놓고 숨을 오래 참고 느낀 점을 공책에 써보기'. 별것 아닌 것 같지만 그렇지 않습니다. 아이는 생존 수영 동영상을 본 다음에 세면대에 물을 받아놓고 숨을 참았어요. 그러고 나서 공책에 몇 줄 쓰더군요.

처음에는 숨을 참는 게 별것 아닌 것 같았는데, 세면대에서 숨을 참는 것도 힘든 일이었다. 나중에 진짜로 생존 수영을 하게 되면 호흡법을 제대로 익히는 것이 중요할 것 같다.

코로나19 이후로 집에만 있다 보니 아이들의 운동량은 너무나 부족합니다. 체육 수업을 온라인으로 하다니, 어쩌면 불필요해 보이기도 하지만 집 안에서라도 몸을 움직이려고 노력하면 아이들은 부족한 운동량을 채울 수 있어요. 문제는 집 안에서의 체육 활동에도 동기 부여가 필요하다는 거예요. 그래서 아이들이 온라인 수업으로 체육 활동을 한다면 옆에서 추임새를 넣어주면서 동기 부여를 할 필요가 있습니다. 집에서 태권도를 한다면 "우아, 발차기 모습을 동영상으로 찍으면 진짜 멋지겠다", 수영을 한다면 "숨을 오래 참는 게 힘든데, 아빠랑 시합해 볼까?"처럼 아이가 온라인 수업을 잘 따라가며 흥미를 느낄 수 있게끔 부모의 진심 어린 말 한마디가 필요하지요.

이렇게 활동을 하고 나면 아이들은 성취감을 느낍니다. 첫 번째로 연습할 때보다는 두 번째가 낫고, 두 번째보다는 세 번째가 나으니까요. 조그만 성취감이 쌓이고 쌓여 '나는 해낼 수 있다'라는 자기 효능감을 만듭니다. 처음에는 어려웠지만 열심히 해서 성취하고 난 다음에 밀려오는 뿌듯함을 아이가 느끼도록 도와주세요. 아이의 마음이 건강하게 자라는 데 꼭 필요한 밑거름이 되어줄 테니까요.

집공부가 제대로 자리 잡으려면 생활 습관부터 제대로 점검해야 합니다. 공부하려고 책상 앞에 앉았는데, 스마트폰에 손이 간다면? 온라인 수업을 하려고 컴퓨터를 켰는데, 게임에 먼저 접속한다면? 공부는 요원할 수밖에 없으니까요. 생활 습관이라는 토대가 바탕이 되어야 집공부 습관도 제대로 자리 잡을 수 있거든요. 집공부의 선결 조건인 생활 습관, 어떻게 잡아줄 수 있을지 함께 살펴보겠습니다.

초등 집공부와
생활 습관

유튜브와 컴퓨터 게임 때문에 걱정이라면

코로나19 이후로 아이들이 컴퓨터 앞에 앉아 있는 시간이 많아졌습니다. 온라인 수업이 컴퓨터나 태블릿 환경에서 이뤄지기 때문이에요. 그뿐만 아니라 집에 있는 시간이 늘어나면서 자연스럽게 유튜브 시청이나 게임 시간도 늘어났습니다. 아이들의 흥미를 자극하고 자꾸 보고 싶은 유튜브 채널이 많아요. 게임도 마찬가지고요. 하면 할수록 계속하고 싶은 것이 게임이니까요. 부모와 아이의 기 싸움은 유튜브와 게임 때문에 심해지고 있습니다. 시간을 마음대로 보내고 싶은 아이와 그래도 시간을 통제하고 싶은 부모의 갈등은 점점 더 커지고 있지요. 그래서 어떤 부모들은 아이와 약속해서 시간을 정하기도 합니다. 하지만 약속을 지키는 일이 쉽지 않아요. 언제부터 컴퓨터를 사용했는지 시간 체크를 하면서 아이와 그 시간이 맞다, 틀리다 실랑이를 하기도 하고요. 그럴 때 컴퓨터나 스마트폰으로부터 아이를 보호할 수 있는 프로그램의 도움을 받으면 좋습니다.

📖 그린 i-Net과 아이 보호 소프트웨어

그린 i-Net(greeninet.or.kr)은 방송통신심의위원회와 교육부, 시도교육청이 협력해서 구축한 청소년 인터넷 안전망입니다. 컴퓨터에 다운로드 받아서 쓸 수 있는 무료 소프트웨어를 모아놓은 사이트예요. 'i안심', '맘아이', '아이눈', '아이보호나라', '엑스키퍼' 등 아이의 컴퓨터를 보호하는 데 도움이 되는 소프트웨어를 상세하게 비교했습니다. 그뿐만 아니라 그린 i-Net 홈페이지에 접속하면 앞서 언급한 소프트웨어를 무료로 간편하게 다운로드 받을 수도 있어요. 사용법도 비교적 상세하게 안내했고요. 아래 보이는 QR 코드를 스캔하면 손쉽게 프로그램을 이용할 수 있습니다.

소프트웨어별 기능 비교

기능 / 소프트웨어 종류	i안심	맘아이	아이눈	아이보호나라	엑스키퍼
유해 사이트 차단					
내용 등급 반영	∨	∨	∨	∨	∨
허용/차단 예외	∨	∨	∨	∨	∨
사용 시간 관리					
PC 사용 시간제한	∨	∨	∨	∨	∨
게임 사용 시간제한	∨	∨			
인터넷 사용 시간제한			∨	∨	
기타 차단					
유해 동영상 차단	∨	∨	∨	∨	∨
P2P 차단	∨	∨	∨	∨	∨
메신저 차단			∨	∨	∨
특정 프로그램 직접 차단	∨	∨		∨	∨
관리 기능					
PC 사용 시간 조회	∨	∨	∨	∨	∨
게임 사용 시간 조회		∨			
인터넷 접속 내역 조회		∨	∨	∨	
인터넷/휴대폰 원격 관리					∨
사용 통계 내역 이메일 서비스	∨				
기타 기능					
사용 내역 SNS 전송	∨				

소프트웨어를 통해 아이의 컴퓨터와 스마트폰 이용 시간을 제한할 수도 있고, 모니터도 가능합니다. 문제는 아이들이 프로

그램을 무력화하기 위한 시도를 한다는 것이지요. 그래서 아이들의 이러한 시도에 대응이 잘되는 프로그램을 선택해야 합니다. 프로그램마다 기능과 관리가 비슷한데, 개인적으로는 엑스키퍼를 선택했어요. 아이들이 쓴 인터넷 후기를 찾아보니 '무력화가 안 되어서 가장 짜증 나는 프로그램'이라는 평이 많아서요. 아이들을 짜증 나게 해서 미안하지만, 그래도 부모로서 컴퓨터와 스마트폰은 어느 정도 관리를 해야 하니까요.

프로그램을 사용하는 이유는 아이의 컴퓨터와 스마트폰을 모니터하려는 목적도 있지만, 아이가 게임과 유튜브에 너무 많은 시간을 쏟지 않게끔 하기 위해 도와주려는 목적도 있어요. 프로그램의 힘을 빌리더라도 너무 강압적이지 않아야 관계를 망치지 않을 수 있습니다. 아이와 충분한 대화를 통해서 서로 합의점에 이른다면 프로그램을 사용하면서도 부드러움을 유지할 수 있다는 사실을 꼭 기억하세요.

맞벌이 부모의 아이 보호를 위한 가정용 CCTV

온라인 수업을 할 때 맞벌이 부모의 가장 큰 걱정거리는 무엇일까요? 아마도 집에 혼자 남겨진 아이겠지요. 모든 부모들이 재택 근무를 하며 아이를 돌보면 좋을 텐데, 각자의 사정이 다 달라서 여의치가 않습니다. 만약 저학년이라면 학교에서 운영하는 긴급 돌봄을 신청할 수 있지만, 긴급 돌봄은 인원이 한정되어 있어서 고학년은 그마저도 쉽지 않아요. 그래서 어쩔수 없이 아이를 집에 두고 출근해야 하는데, 부모 입장에서는 많이 불안합니다. 할머니나 할아버지가 돌볼 수 있는 상황이라면 그래도 괜찮을 텐데, 그런 도움을 받을 수 없다면 정말 답답하기만 하지요.

📖 가정용 CCTV 설치

맞벌이, 그리고 코로나19로 인한 온라인 수업. '어떻게 하면 집에 있는 아이들을 잘 관리할 수 있을까?' 계속해서 고민하다가 CCTV를 설치했습니다. 일과 시간에 아이들에게 전화해서 소통할 수도 있지만, 아이들의 활동이 눈에 보인다면 조금 더 안심할 수 있으니까요.

CCTV를 설치하기 전, 여러 가지 CCTV를 알아봤습니다. 통신사에 신청하는 CCTV는 가격이 비싸더군요. 통신사가 아니더라도 일단 CCTV 기기를 사서 설치하는 것도 비용이 들고요. 당연히 화질이 좋고 화각이 넓은 제품은 더 비쌌습니다. 사양에 따라서 가격도 달라지니까요. 그래서 비용이 드는 건 나중에 설치해보기로 하고 일단은 비용이 들지 않는 방법을 알아봤더니 스마트폰 앱이 있었습니다. 공기계에 앱을 설치해서 연결하니 CCTV가 되더라고요. 따로 비용이 들지 않고, 거실 한구석에 거치만 하면 설치가 끝이었어요. 무료 앱의 특성상 스마트폰 화면에 배너 광고가 있다는 것을 제외하고는 크게 문제가 없었지요. 앱을 통해서 대화를 나눌 수도 있어 아이들도 신기해하며 좋아했습니다.

📖 CCTV 설치 전 반드시 해야 할 일

집에 CCTV를 설치하면 아이가 '나를 감시하려고 설치하는 건가?'라고 생각할 수도 있습니다. 그래서 CCTV를 설치하기 전, 아이와 충분히 대화를 나누는 것이 좋아요. 여러 가지 이유를 들면서 CCTV 설치 시 생기는 효용에 대해 말해주고, 감시용이 아니라는 사실을 이야기해주며 납득시킬 필요가 있지요.

✦ CCTV 설치 시 나눌 만한 이야기

- 어른이 없는 집에서 아이들끼리 있을 때 엄마 아빠가 집 안을 확인할 수 있다.
- 무슨 일이 생겼을 때 부모가 즉각적으로 대처하기 쉽다.
- 공용 생활 공간인 거실에만 설치하기 때문에 사생활은 보호된다.
- 전화로 상황을 이야기할 때도 엄마 아빠가 직접 봤기 때문에 이야기가 더 잘 통한다.

이 같은 이야기를 나누면서 아이와 함께 의견을 일치시키는 것이 좋습니다. 앞서 언급했듯이 자칫 아이가 CCTV를 감시 수단으로 생각하게 될 수도 있거든요. 특히 5~6학년 때쯤이면 아이에게는 자기 주관과 생각하는 힘이 생기기 때문에 '엄마 아빠가 나를 의심한다'라는 마음을 갖게 될 수도 있고요. 사실 이럴 때 CCTV를 설치하면 득보다는 실이 더 큽니다. 아이가 걱정

되어 설치하려고 했는데, 오히려 관계를 망치는 셈이니까요. 아이와 이야기를 나눴는데도 합의점을 찾지 못했다면 CCTV 설치는 철회하는 게 관계에 더 도움이 됩니다. 아쉽지만 어쩔 수 없지요.

📖 CCTV 설치 후 반드시 주의해야 할 일

스마트폰 공기계에 CCTV 앱이나 가정용 CCTV를 설치할 경우, 2가지 주의점이 있습니다. 우선 스마트폰이 과열될 수 있다는 점이에요. 스마트폰이 과열되면 종종 화재도 일어나기 때문에 조심해야 합니다. 특히 충전기에 스마트폰을 꽂아놓고 하루 종일 사용하는 경우가 제일 위험하지요. 저녁에 미리 충전한 다음에 출근하면서 CCTV를 켜면 낮에는 배터리가 어느 정도 유지됩니다. 중간중간 아이에게 스마트폰 과열 체크를 하면 화재 위험은 어느 정도 피할 수 있고요.

스마트폰 공기계뿐만 아니라 일반 CCTV 기기 연결도 마찬가지로 모두 해킹의 위험이 있습니다. 사실 CCTV 설치를 고민하는 사람 중 대다수는 해킹의 위험 때문에 망설여요. 아무리 비밀번호를 촘촘하게 걸어놓아도 한순간에 뚫리는 것이 인터넷 보안이거든요. 그래서 CCTV 설치를 고민할 때는 보안에 취약

할 수도 있다는 사실을 충분히 인지한 후에 실행에 옮겨야 합니다. 그리고 되도록 개별 방에는 설치하지 말고 가족의 공용 공간인 거실과 부엌 정도에만 설치하는 것이 좋아요. 아이들도 사생활이 있으니까요. 특히 아이들에게 샤워하고 나서 CCTV 근처로 오지 말라고 이야기도 해줘야 합니다. 앞서 언급했듯이 보안이 완벽하지 않기 때문이지요.

편리함과 동시에 주의해야 할 점도 있는 CCTV. 혹시 모를 위험에만 잘 대비해서 설치한다면 맞벌이 부모의 안심을 위한 좋은 대안이 될 수 있을 것입니다.

'확찐자'가 되어버린
아이들

코로나19가 장기화되면서 아이들의 외모에는 공통적인 변화가 생겼습니다. 바로 동글동글해졌다는 거예요. 아이가 너무 말라서 걱정하던 부모들에게도 정반대의 걱정거리가 생겼습니다. 어느새 너무 뚱뚱해진 아이를 바라보며 '살을 빼려면 어떻게 도와줘야 하나?'를 고민하게 되었으니까요. 코로나19 이전에 아이들은 놀고 싶으면 어디서든 마음껏 뛰어놀았습니다. 학교 운동장, 동네 놀이터, 주변 공원… 어디서든 마음만 먹으면 숨을 헉헉대고 뛰어다니면서 에너지를 발산할 수 있었지요. 하지만 요즘은 코로나19로 인해 바깥 활동을 잠깐 하는데도 굉장히 조심스럽습니다. 마스크를 잘 쓰고, 사람들이 많은지 적은지 확인한 후에야 놀 수 있기 때문이에요.

집 안에서의 체육 활동

요즘 아이들은 실외에서 활동하기가 어렵습니다. 학교도 못 갈 만큼 조심스러운 상황이니까요. 예전처럼 밖에서 마음대로 뛰어놀 수 없는 상황이기에 일단 집에서라도 체육 활동을 할 수 있도록 대책을 마련해야 합니다. 책상 위에 탁구 네트를 설치해서 탁구를 하도록 해주는 것도 좋은 방법이에요. 탁구는 최대한 뛰지 않고 한자리에 앉아 팔만 움직이면서도 충분히 할 수 있는 운동이니까요. 탁구 네트 세트는 비교적 가격이 저렴해서 구입하기에도 부담스럽지 않고요. 탁구 경기 하나만으로도 땀을 뻘뻘 흘리며 즐겁게 운동하는 아이들의 모습을 볼 수 있습니다.

집 안에서 홈 트레이닝을 하는 것도 좋은 방법입니다. 코로나19 이후, 홈 트레이닝을 주제로 한 유튜브 영상이 많이 늘어났어요. 집에서 스마트 TV나 컴퓨터로 유튜브를 틀어놓고 부모와 아이가 함께 따라 하면 운동을 하면서 건강도 유지할 수 있습니다. 혼자서 제자리 걷기를 하면 지루하지만, 무엇이든 함께 하면 지루함은 반감되고 흥미는 배가되지 않을까 싶어요.

■ 집 밖에서의 체육 활동

실내든 실외든 아이들에게 적당한 모든 운동은 도움이 됩니다. 하지만 아이들이 집에만 있다 보면 외출을 싫어하게 되더라고요. 1~2학년은 "나가자"라는 한마디에 옷을 입고 나갈 준비를 하지만, 조금 큰아이들은 대부분 "귀찮아요", "왜 밖에 나가요?", "집에 있으면 안 돼요?"라고 말하면서 투덜거립니다. 하지만 성장기 아이들에게는 바깥 활동이 꼭 필요합니다. 아무리 실내에서 운동한다고 해도 바깥에서 활동하는 것보다는 턱없이 모자라지요. 게다가 햇볕을 충분히 받아야 성장과 면역력에 필수적인 비타민 D도 합성할 수 있습니다.

안타깝게도 코로나19 이후로는 외출이 망설여지는 상황이 되었습니다. 바깥 활동이 좋은 것을 아는데도 말이에요. 그래서 아이들과 바깥 활동을 하고 싶다면 인적이 드물 때 움직이는 것이 좋아요. 아침 일찍 사람들이 채 나오기 전의 공원, 비가 올 것처럼 꾸물꾸물한 하늘이 보일 때의 자전거 도로 등 한적한 곳을 찾아가 마스크를 잘 쓴 후에 아이들과 활동하고 자전거도 타면 부족한 운동량을 채우는 일이 그리 어렵지는 않을 것입니다.

감정을 알아차리도록
도와주고 싶다면

요즘 학교에서 가장 많이 찾아볼 수 있는 변화는 예전처럼 아이들이 자유롭게 서로 어울려 놀 수 없다는 사실입니다. 방역 수칙을 지켜야 안전하기 때문이지요. 교실 앞에 붙어 있는 방역 수칙 3번 '친구가 좋아도 가까이 다가가지 않아요'라는 문구를 보면 참 안타까운 마음만 듭니다. 어떻게 가까이 다가가지 않을까요? 친구가 좋은데요. 하지만 코로나19로부터 안전하려면 그런 수칙조차 꼼꼼히 지킬 수밖에 없습니다.

코로나19 이후로 학교에서는 많은 것들이 제한적으로 바뀌었습니다. 모둠 활동도 하지 못하고 마음껏 뛰어놀지도 못하지요. 마스크를 쓰고 체육을 하기도 하는데, 아무래도 숨이 차니까 아이들이 예전처럼 활동적으로 몸을 움직이지는 못해요. 체육을 '흉내'만 내는 정도지요. 사실 학교생활의 꽃은 쉬는 시간과 점심시간에 친구들과 함께 즐기는 놀이입니다. 그런데 그마저도 불가능해요. 2교시를 붙여서 블록 수업을 하고 쉬는 시간도 최대한 줄였거든요. 쉬는 시간에 화장실을 복잡하지 않게 하려고 화장실도 한두 명씩 번갈아서 가게 합니다. 당연히 쉬는 시간에는 서로 접촉하지 않기 위해 책을 읽는 등 혼자서 하는 활동을 하고요.

교실의 바뀐 풍경은 무엇을 의미할까요? 아이들에게 상호 작용의 기회가 줄어들었다는 것을 의미합니다. 학교라는 공간, 또래 친구들과 함께 활동하는 과정에서 아이들은 성장할 수 있었어요. 인성과 사회성을 함께 발달시킬 수 있었지요. 친구들과 활동하면서 공감하는 능력을 배우고, 친밀해지는 방법을 터득하며, 갈등을 겪고 해결하는 과정을 통해서 사회성을 함양했었지요. 코로나19 이전까지 학교는 공부뿐만 아니라 인성과 사회성을 기르는 중요한 곳이었습니다. 하지만 코로나19로 인해 서로 간의 거리두기가 필수인 요즘, '언택트Untact'라는 말이 대세가 될 만큼 서로 대면하지 않는 것이 미덕이 된 요즘, 아이들은 학교에서 인성을 기르고 사회성을 배우기가 어렵게 되었습니다.

📖 비판적 사고로 협업 능력 키우기

초등학교에서는 아이들과 수업할 때 모둠 활동을 자주 합니다. 아이들끼리 협력하는 연습을 하도록 기회를 주기 위해서예요. 하지만 초등학교에서의 모둠 활동은 여간 어려운 일이 아닙니다. 아이들 간의 의견 조율이 정말 어렵거든요. 서로 자기 의견만 내세우다가 모둠 활동이 끝나버리는 때도 있고, 아이마다 성향이 달라 어떤 아이는 적극적으로, 어떤 아이는 그냥저냥 대충 하는 경우도 있기 때문이지요. 사실 처음부터 잘할 수는 없습니다. 여러 가지 과정을 통해 아이들은 갈등을 겪으며 어떻게 협업할지 차근차근 배워나가니까요.

협업은 어른들에게도 어려운 일입니다. 역시 의견 조율이 힘들고, 성과가 나면 은근히 자기 이름을 더 부각하고 싶어 하지요. 아무리 어려워도 협업 능력은 반드시 키워야 합니다. 요즘 사회에서 가장 필요한 능력이거든요. 융합과 통섭이 중요한 시대에는 사람들이 함께 모여 서로의 머리를 맞대야 하니까요. 그런 이유로 교육 과정에서도 협업 능력을 중요하게 다룹니다. 2015 개정 교육 과정은 '4C'라고 일컫는 비판적 사고Critical Thinking, 창의성Creativity, 협업 능력Collaboration, 의사소통 능력Communication을 미래 사회가 요구하는 역량으로 규정했어요. 그래서 교육 과정에서도 6가지 핵심 역량(자기 관리 역량, 지식 정보 처리 역량, 창의적 사고 역량, 심미적 감성 역량, 의사소통 역량, 공동체 역량)을 구성해서 수업할 때마다 이런 역량들을 기를 수 있도록 했고요.

아이의 협업 능력을 발달시키려면 의사소통 능력을 키워주고 공동체의 구성원으로서 친구들과 원만하게 지낼 수 있도록 도와줘야 합니다. 의사소통의 가장 기본은 무엇일까요? 비판적인 사고와 공감하는 능력이에요. 비판적으로 사고하지 못한다면 상황 판단이 힘들어 억울해하기만 하겠지요. 반면에 상황을 합리적·비판적으로 판단하는 능력이 있다면 '아, 지금은 내가 화낼 때가 아니구나' 정도는 파악이 가능합니다.

아이가 비판적 사고를 하게끔 하려면 가정에서 대화를 나눌 때 부모가 객관적으로 상황을 파악하고 감정에 치우치지 않도록 피드백을 주는 게 도움이 됩니다. 여기에 책을 읽으면서 사건과 상황을 파악하고 주인공에게 공감하며 '나라면 어떻게 했을까?'라는 질문에 스스로 대답하는 과정이 필요하고요. 비판적 사고는 'Chapter 04 초등 과목별 집공부 방법'의 '국어'를 참고하면 조금 더 실질적인 팁을 얻을 수 있습니다.

📖 감정 카드로 공감 능력 키우기

예기치 않은 환경의 변화로 인해 아이들은 친구들과 함께하는 기회가 많이 줄어들었습니다. 온라인 수업은 학력에도 많은 영향을 미치지만, 아이들의 상호 작용하는 태도 및 사회성 발달에도 커다란 제한을 가하지요. 서로 얼굴을 맞대지 않는 것이 미덕인 비대면 사회에서 아이들의 인성과 사회성을 길러 줄 수 있는 것은 자신의 감정을 알아차리는 힘입니다. 사회성의 기본은 공감하는 능력이니까요. 공감하는 아이로 키우려면 무엇보다 가정에서 자신의 감정을 잘 들여다보도록 도움을 줘야 합니다. 여러 가지 감정을 인지하고 풍부하게 표현할 수 있도록 감정 카드로 연습하고, 아이에게 "넌 속상한 기분이었겠구나", "넌 정말 뿌듯했겠구나" 등 감정을 나타내는 다양한 말로써 피드백을 주면 도움이 되지요. 하지만 감정을 알아차리고 표현하는 것은 정말 어려운 일이에요. 요즘 신문을 보면 더더욱 그렇고요. 2020년 4월 경찰청 자료에 따르면 코로나19 이후 112에 접수된 가정 내 아동 학대 관련 신고 건수는 1,891건으로, 2019년 동일 기간의 1,708건보다 약 10.7% 증가했다고 합니다. 어려운 시기라서 부모도 힘들고, 그런 마음이 아이에게 전이되기 쉬우니까요. 부모가 스스로의 감정을 잘 살펴보고 아이와 함께 표현하기 위해 노력해야 하는 이유입니다.

✎ 아이의 공감 능력을 키워줄 수 있는 감정 카드.

　감정 카드를 활용하기 위해서는 먼저 감정을 표현하는 단어를 알고 있어야 합니다. 감정에 관해 아이와 이야기를 나눌 때 가장 어려운 점은 무엇일까요? 부모도 감정을 나타내는 다양한 말을 잘 모른다는 거예요. 마치 외국어인 것처럼 말이지요.

◆ 감정을 표현하는 단어

걱정스러운 * 고요한 * 귀찮은 * 기분 좋은 * 기쁜 * 깜짝 놀라는 * 당황스러운 * 두려운 * 만족한 * 명랑한 * 미운 * 반가운 * 부끄러운 * 불안한 * 불편한 * 불행한 * 사랑스러운 * 샘나는 * 수치스러운 * 신나는 * 신명 나는 * 실망한 * 싫증 나는 * 안도한 * 안정적인 * 영예로운 * 우울한 * 원망스러운 * 의기소침한 * 의기양양한 * 자랑스러운 * 자유로운 * 좌절한 * 주저하는 * 즐거운 * 지루한 * 짜증 나는 * 충만한 * 침착한 * 편안한 * 포근한 * 행복한 * 화나는 * 후회스러운 * 희망적인

　그렇기 때문에 감정 카드를 갖고 이야기를 하면 좋습니다.

다양한 단어들을 펼쳐놓고 자기 기분이 어떤 것인지를 골라서 이야기를 하면 보다 쉽게 감정에 대해 풀어나갈 수 있거든요. 아이가 잘 모르는 단어는 검색해서 그 뜻을 이야기해줄 수도 있고요. 이처럼 감정 카드를 활용해 이야기를 나누다 보면 아이에게도 자신의 감정을 세세하게 구분할 수 있는 실력이 쌓여요. 아이와 종종 감정 카드를 이용한 대화를 해보세요. 속상할 때나 기분이 좋을 때 각자의 감정을 감정 카드라는 시각적인 구체물을 통해서 볼 수 있다면 아이도 조금 더 감정을 표현하는 단어에 익숙해질 것입니다.

📖 감정 카드 대화법 ①
속상할 때

어느 날 저녁, 아이들과 공부하던 때였습니다. 수학 연산을 하던 둘째가 훨씬 나중에 풀어야 할 문제를 풀고 있더라고요. 한 장씩 뽑아서 쓰는 문제집인데, 실수로 잘못 뽑은 것이었지요. 3쪽을 풀어야 하는 문제지. 1쪽의 반 정도만 풀었기에 아이에게 원래 풀어야 할 부분을 일러줬습니다. 그런데 그때부터 짜증을 내기 시작했어요. 자기는 이미 어느 정도 풀었는데, 그렇게 말하면 지금까지 푼 내용은 뭐가 되냐며 30~40분을 붉으락푸르락 화를 내더군요. 차라리 그 시간에 풀었다면 진작 끝났을 텐데 말이에요. 씩씩대면서 방에 들어간 아이는 한참 후에야 기분을 풀고 나왔습니다. 아까 성질을 부린 게 멋쩍었는지 조그만 목소리로 미안하다고 말하더라고요. 그때를 포착해서 감정 카드를 고르라고 했습니다.

"카드를 보고 아까 화날 때 들었던 기분을 3개만 골라봐."

'억울한', '짜증 나는', '속상한' 3개의 감정 카드를 고른 둘째. 왜 골랐는지 물었더니 이렇게 말하더군요.

- 억울한: 수학 문제를 이미 풀었는데, 다시 풀라고 해서 억울했다.
- 짜증 나는: 다시 문제를 풀 생각을 하니 시간이 더 많이 걸릴 것 같아서 짜증이 났다.
- 속상한: 그냥 마음을 고쳐 먹고 다시 풀었으면 금방 끝났을 텐데, 그렇지 하지 못해 속상하다.

둘째가 고른 이유를 들어보고 만약 다음에 똑같은 상황이 된다면 어떻게 하겠냐고 물어봤습니다. 그랬더니 이미 지나간 일은 돌이킬 수 없지만, 똑같은 상황이 된다면 이미 푼 건 나중에 안 풀어도 된다고 생각하면서 처음부터 다시 풀겠다고 하더라고요. 그리고 다음번에는 물을 한 컵 마시면서 마음을 가라앉히겠다고 했습니다. 그래서 다음번에는 생각한 방법대로 마음을 꼭 가라앉히라고 격려해줬지요.

부모는 아이가 감정과 행동을 분리하는 방법을 터득하도록 도와줘야 합니다. 감정이 일어났을 때 과격하게 행동하는 경우가 생기거든요. 그런데 그 감정은 사실 화난 감정이 아닐 때가 많습니다. 속상하고, 짜증 나고, 슬프고, 답답하고… 이럴 때의 감정이 무엇인지 정확히 알지 못하면 아이는 그 감정을 분노라고 느낍니다. 슬퍼서 엉엉 울다가 벽을 치고 누군가 화를 쏟아낼 대상을 만들어서 성질을 버럭버럭 내는 이유예요. 마음이 슬프다면 울고, 억울했다면 왜 그런지 당당하게 이야기하며, 짜증이 났다면 그 이유를 생각해 그것을 풀려면 어떤 해결책을 찾을 수 있을지 고민하는 것이 합리적인 해법입니다.

감정을 알아차리지 못한다면 세세하게 풀어나가는 방법을 찾기보다는 욱하고, 버럭하는 방법을 선택할 수밖에 없습니다. 그러면 작은 일에도 화내는 것이 습관이 되어버릴 수도 있어요. 참으로 안타깝지요. 이런 일을 방지하기 위해서는 아이와 감정 카드를 통해 대화하고 아이가 느끼는 감정이 무엇인지 알아차리도록 도와주는 것이 중요합니다.

📖 감정 카드 대화법 ②
격려할 때

아이가 뭔가를 잘했다면 진심으로 격려해주는 자세가 필요합니다. 마음 같아서는 용돈이라도 팍팍 주고 싶은데, 그러면 안 되지요. 외적인 보상도 좋지만, 그러면 자신이 한 일이 2순위가 되어버리거든요. 그다음 온라인 수업도 용돈을 바라고 할 가능성이 크고요. 열심히 격려해서 굳히기를 해야 할 때도 감정 카드를 추천합니다. 둘째가 온라인 수업을 낮에 다 끝내놓은 날, 폭풍 칭찬을 해주고 싶어 감정 카드를 하나씩 꺼내서 손에 쥐어주며 이야기를 시작했어요.

"지금 아빠는 기분이 정말 좋아. 아빠는 지금 편안하고, 든든하고, 느긋하고, 기쁜 마음이야. 네가 오늘 온라인 수업을 잘해서 그래. 고마워."

"아빠, 잠깐만요."

둘째는 감정 카드를 달라고 한 다음에 그것을 들고 엄마에게 갔습니다. 그러고 나서 자랑스럽게 말했지요.

"엄마, 이것 좀 봐봐요. 아빠가 저 덕분에 든든하고, 자랑스럽고, 행복하고, 느긋하고, 편안하고, 만족스럽고, 뿌듯하고, 감동받았고, 기뻤대요. 아빠가 좋은 감정 카드는 다 꺼냈어요."

"우아, 오늘 열심히 해서 뿌듯했겠네……."

엄마에게 자랑하고 덤으로 격려의 한마디도 들은 둘째는 어깨가 으쓱으쓱하더군요. 아이의 습관을 잡으려면 격려와 칭찬은 필수입니다. 격려와 칭찬이 효과가 있으려면 담백하고 부담 없는 말이 필요해요. "다음번에도 잘해"라며 위축시키지 말아야 하고, "넌 머리가 좋구나"라며 과정의 중요성을 무너뜨려서도 안 됩니다.

부모 세대가 어린 시절 듣고 자랐던 칭찬 중에는 은근히 마음에 해가 되는 말이 종종 있어서 가려서 하기가 여간 어렵지 않아요. 하지만 기분을 명확하게 말하면서 마음속의 고마움을 표현하는 것은 아이에게도 긍정적으로 작용합니다. 그럴 때 감정 카드는 최고의 자극제예요. 카드라는 실체를 통해 구체적으로 마음을 드러내니까요. 감정 카드를 활용해서 대화를 시도해 보세요. 아이와 조금 더 부드럽고 세련되게 대화하는 방법을 터득할 수 있을 것입니다.

온라인 수업,
화가 날 때는 이렇게

온라인 수업을 시작하면서 가정마다 갈등의 수위가 높아졌습니다. 좋든 싫든 공부를 봐줘야 하는 부모의 마음과는 달리, 아이는 공부를 싫어하거든요. 학교에 가면 그래도 친구들과 선생님이 있어서 어느 정도 분위기에 이끌려 공부를 할 텐데, 집에서는 공부하는 분위기가 쉽게 만들어지지 않습니다. 엄마 아빠는 선생님이 아니니까요. 설령 엄마 아빠가 선생님이어도 학교에서나 그렇지 집에서는 똑같은 엄마 아빠일 뿐입니다. 누구나 직업을 막론하고 자신의 아이 앞에서는 말랑말랑한 부모일 수밖에 없어요. 그래서 기대만큼 온라인 수업의 효과가 나타나지 않을 수 있고, 아이도 그만큼 칭얼대기가 쉽지요.

안타까운 건 감정이 튀어나온다는 사실입니다. '아, 정말 짜증 나'를 속으로 되뇌면서 우울한 마음을 갖게 될 수도 있어요. 자기도 모르게 욱하게 될 수도 있고요. 소리를 지르게 될 수도 있지요. 어떻게 하면 튀어 오르는 감정에 휘둘리지 않고 평정심을 찾을 수 있을까요? "화내는 건 아이 교육상 좋지 않으니 참으세요"라는 말로는 도저히 이뤄낼 수 없는 일이에요. 단번에 이룰 수 없는 목표이기에 부모는 감정의 일렁임에 단계적으로 접근할 필요가 있습니다. 한 계단, 한 계단 천천히 올라가다 보면 언젠가는 꼭대기에서 과거의 모습을 상기하며 흐뭇해하는 날이 올 테니까요. 정신과 전문의이자 심리 훈련가인 문요한 작가는 『스스로 살아가는 힘』에서 충동과 감정을 조정하는 4단계의 과정을 제시했어요. 각 단계를 부모와 아이가 마주하는 상황에 대입해서 살펴보겠습니다.

📖 1단계
문제에 대한 자각

총 4단계에서 어느 단계에 있는지 파악하는 것이 출발입니다. 일단 우리가 부모로서 아이에게 화를 내서 자괴감이 들고 답답하다면 이미 한 걸음을 뗀 것이나 마찬가지거든요. 문제가 있다고 인정하는 데서 변화는 시작됩니다. 만약 아이에게 화를 내고서도 그 사실을 인정하지 않거나 '나는 문제가 없어. 나도 예전에 그렇게 자랐으니까……'라는 생각으로 문제에 직면하지 못한다면 변화는 이루어낼 수 없어요. 일단 화를 내고서 답답함을 느꼈다면 이미 변화는 시작된 것이나 다름없습니다.

📖 2단계
습관적 반응 후 알아차림

일단 문제에 직면했다면 알아차릴 수 있습니다. 하지만 아쉽게도 '아, 또 화를 냈네……' 하면서 이미 지나간 다음에 후회할 때가 있지요. 그러면서 또 자책감을 느끼고 마음이 무너집니다. 때로는 '애가 잘못했잖아. 그 정도는 해도 괜찮아!'라며 아이를 탓하기도 하고, 또는 '나도 그렇게 컸는데 어쩔 수 없지'라며 스스로를 합리화하기도 하고요. 2단계에서 중요한 것은 '왜 화를 냈을까?' 하며 이유에 대해 고민하는 것입니다.

- 왜 그 상황에서 화가 났지?
- 아이의 행동이 뭐가 못마땅했을까?
- 내가 어렸을 때 부모님도 나와 비슷하게 그랬을까?
- 그때 나도 속상하고 답답했겠지?

- 앞으로 똑같은 상황에 직면한다면 어떻게 더 합리적으로 감정을 풀어낼 수 있을까?

이런 생각으로 빠르게 변하면 좋겠지만, 변화는 더디게 이뤄집니다. 만약 되도록 빨리 변화하고 싶다면 글을 쓰면 됩니다. '화 일지'를 쓰는 거예요. 수첩, 스마트폰, 일기장, 블로그 등 무엇이든 나에게 맞는 도구를 마련해 감정이 일어났던 순간의 상황과 원인, 만약 그 상황이 다시 찾아온다면 어떻게 할 수 있을지를 기록해보세요. 기록이 쌓일수록 3단계로 나아갈 가능성이 커집니다.

📖 3단계
습관적 반응 중 알아차림

3단계에 도달했다면 이제 어느 정도 큰 산은 넘었습니다. 그래도 아이한테 화내는 도중에 알아차리게 되었으니까요. '아, 내가 화가 났네' 하면서 자신을 보다 객관적으로 관찰할 수 있는 단계에 이른 셈이지요. 3단계에서는 2단계에서 생각했던 나의 모습, 즉 '상황이 다가왔을 때 어떻게 합리적으로 풀어낼 수 있을까?'를 실현하게 되기도 합니다. 반응하면서 자신의 모습을 알아차리게 되었으니까요.

하지만 3단계가 끝은 아닙니다. 자신의 모습을 알아차렸지만, 그러고 나서도 화를 내는 게 '습관의 힘'이거든요. 자신이 원하는 행동과 습관의 대립, 그 앞에서 때로는 이길 수도 때로는 질 수도 있어요. 그래서 3단계에 이르러서도 2단계에서 했던 노력을 계속해나가는 것이 중요합니다. 마음에도 먼지가 쌓일 수 있기에 늘 털어내고 닦아내는 과정이 필요하지요.

📖 4단계
원하는 반응

열심히 노력해서 4단계에 오면 이제 우리는 부모로서 아이를 의식적으로 대하게 됩니다. 더는 무의식적인 화에 끌려가지 않고 상황을 합리적·이성적으로 이끌어나갈 수 있게 되지요. 화가 날 법한 순간에도 먼저 아이를 이해하려 노력하고, 마음에 거리끼는 것이 무엇인지 알아차립니다. 그래서 4단계쯤 되면 그동안의 악순환에서 벗어날 수 있어요. '아이의 잘못된 행동 → 버럭하기 → 아이의 더 잘못된 행동 → 더 버럭하기'의 무한 순환의 고리를 드디어 끊어내는 셈이지요. 아이에게 버럭하고 후회하는 마음이 들었다면 일단 스스로를 살핍니다. 그리고 나서 '뭐 때문에 화가 났지?', '다음엔 어떻게 해야 할까?' 곰곰이 생각합니다. 그렇게 관찰한 마음이 더 나은 단계로 우리를 안내할 테니까요.

온라인 수업을 하든 등교 수업을 하든 부모로서 아이의 공부를 봐주는 일은 기나긴 여정입니다. 쉽게 지쳐서는 안 되는 이유예요. 길게 멀리 봐야 하는 아이의 집공부, 부모가 여유를 가지려면 그날그날의 일을 기록하면서 마음을 다잡는 과정이 필요합니다. 이제부터라도 작은 노트를 하나 준비해서 그날그날의 감정을 정리하고, 똑같은 상황이 오면 어떻게 행동할지 미리 점검해보세요. 작은 끄적임 하나가 큰 차이를 만들어낼 것입니다.

집공부의 아킬레스건은 다름 아닌 '관계'입니다. 처음에는 좋은 마음으로 공부를 봐주다가도 아이가 짜증을 내면 그 모습을 보는 부모도 화가 나거든요. 오죽하면 집공부를 '친자 확인'이라는 말로 표현할까요? 집공부를 봐주는 게 어렵긴 하지만 포기할 수는 없습니다. 초등 시기에 아이의 습관만 잘 잡아준다면 학창 시절 내내 효율적으로 공부할 수 있으니까요. 아이와 집공부를 함께하며 마음이 지치고 흔들릴 때 한 번쯤 생각해볼 만한 이야기를 담았습니다.

초등 집공부와
부모 마음 챙기기

부모의 흔들림은
절대로 헛되지 않다

밤 9시, 집에 도착했는데 아직도 아이들이 '할 일'을 하고 있었습니다. 9시면 어느 정도 끝내고 양치질 정도는 할 시간인데, 아직도 할 일을 끝내지 못한 아이들. 책상 앞에 앉아 있는 엄마와 아이들을 보고 감이 왔어요. '아, 힘든 밤이 되겠네…….' 둘째가 온라인 수업에서 내준 영어 숙제를 하며 'Doudy'라고 단어를 씁니다. 옆에 있던 엄마가 말했습니다.

"똑바로 안 써? 왜 C하고 l을 붙여서 쓰는 거야?"

'Cloudy'를 써야 하는데, C와 l을 붙여서, 그것도 반대로 써서 D로 만들어 'Doudy'를 써버린 둘째. 남자아이들의 글씨는 한 번에 좋아지는 법이 없습니다. 부단히 이야기하고 단속해야 소위 막 나가는 상황을 막을 수 있지요. 글씨를 제대로 쓰라는 엄마와 글씨를 대충 쓰고 싶은 둘째의 기 싸움. 둘째가 글씨를 쓰는데, 순간 조금 잘 쓰는 모습이 보였습니다. 분위기를 좀 살려보려고 칭찬 한마디를 했어요.

"우아, 이제 글씨가 깔끔해졌다."

그런데 갑자기 폭풍 울음과 함께 화살이 날아왔습니다.

"왜 놀려요? 힘들게 쓰고 있는데… 아빠는 왜 그렇게 놀리고 그래요?"

갑자기 돌아오는 화살. 아이가 짜증을 냈습니다. 옆에서 잘하라고 한마디 해줬을 뿐인데, 아이는 속에 있는 짜증을 저한테 풀어버리더군요. 이윽고 잘 시간, 둘째가 방에 들어와 침대에 누우며 말했어요.

"안아주세요."

다행히 꼭 안아주면서 재웠습니다. 아이를 재우면서 이런 생각이 들었어요. '나중에 내가 죽으면 사리가 엄청나게 나오겠지? 나중에 아빠가 죽으면 무덤 대신 사리탑을 하나 만들어달라고 할까?'

놀고 싶은 아이들. 마냥 놀게 하고 싶지만, 공부 습관은 잡아줘야 합니다. 학교 공부도 제대로 할 수 있게 도와줘야 하고요. 그래서 충돌이 일어납니다. 마냥 놀 수만은 없으니까요. 충돌이 일어나는 과정은 그리 쉽지 않아요. 수많은 감정이 일어나고 부모는 또 그걸 억누르는 과정에서 자신도 모르게 몸속에 사리를 하나씩 차곡차곡 쌓아나가거든요. '부모가 사리를 쌓는 만큼 아이는 습관이라는 진주를 마음속에 만들어가지 않을까?'라고 생각하면 어떨까요? 부모로서의 흔들림은 절대로 헛되지 않습니다. 부모가 흔들리면서 온갖 감정에 시달리는 만큼 아이는 멋진 습관을 만들어나갈 테니까요.

독박은 그만,
임무 분담이 필요한 자녀 교육

매일매일 퇴근하고 또다시 출근입니다. 하루 종일 일하고 집에 돌아오면 온라인 수업이라는 큰 산이 부모를 기다리고 있지요. 답답해요. 아이가 차분하게 말을 잘 들으면서 공부하면 좋겠지만 거의 그렇지 않습니다. 설령 고분고분 공부하더라도 제대로 이해하지 못해서 몇 번씩이나 같은 내용을 가르치면 진이 빠져요. '집으로 출근한다'라는 말은 괜히 나온 게 아니에요. 아이의 공부를 봐주는 일이 동화처럼 행복한 결말에 이른다면 좋겠지만, 대부분 저녁 시간의 온라인 수업은 블록버스터 영화처럼 끝나는 경우가 많습니다. 서로 화가 나서 얼굴이 붉으락푸르락하기 마련이니까요. 힘들고 화가 나는 상황, 혼자서 견디기에는 역부족입니다.

그런데 이런 상황을 엄마나 아빠 중 한 명이 온전히 맡는다면 어떻게 될까요? 혼자 스트레스를 받아서 제명을 못 채울지도 모릅니다. 너무 심했나요? 그만큼 힘들고 답답한 일이라는 뜻입니다. 비단 맞벌이 부모만의 문제는 아니에요. 엄마나 아빠 중 한 명이 전업으로 아이를 돌보고 공부시키는 것도 정말 힘들기는 마찬가지거든요. 그래도 출퇴근하는 사람은 밖에 나가 있는 시간 동안은 스트레스를 덜 받습니다. 집에 남아 있는 사람이 온종일 아이를 돌보고 짜증을 받아내니까요. 이런 상황에서 "나는 밖에서 일하고 왔으니, 집에서라도 편히 쉬고 싶어"라는 말을 꺼내기가 참 어렵습니다. "밭맬래? 애 볼래?"라고 누군가 묻는다면 대부분이 밭을 매겠다고 한다는 우스갯소리도 있잖아요. 그런데 요즘은 아이 돌보기에 온라인 수업까지 추가되었으니, 만약 선택권이 있다면 99%가 밭매기를 선택할지도 모르겠습니다.

이래저래 어렵고 힘든 상황입니다. 아이의 공부를 봐주는 일에도 교대가 필요해요. 혼자 전적으로 키워야 하는 상황이라면 어쩔 수 없지만, 엄마 아빠가 함께 돌볼 수 있는 상황이라면 서로 적극적으로 임무 분담을 해야 합니다. 한쪽에서 스트레스를 받으면 다른 쪽에서 다른 일을 하면서 스트레스를 줄일 수 있는 시스템이 필요하지요. 요일별로 교대로 온라인 수업을 봐주는 방법, 과목별로 공부를 시키는 방법, 한 명은 주중에 온라인 수업에 집중하고 다른 한 명은 주말에 아이와 함께 전적으로 시간을 보내는 방법… 각자의 가정에서 최대한 적절하게 임무를 분담하는 방법을 이야기하면서 서로의 부담을 덜어내는 길을 찾아보면 좋겠습니다.

혼자서는 힘듭니다. 물론 함께해도 힘든 건 마찬가지예요. 하지만 힘든 일을 함께 나눈다면 서로 의지가 되지 않을까요? 마음도 든든하고 자신도 모르게 너무 힘들어서 상대방을 원망하는 일도 줄어들 테고요. 집공부를 성공시키려면 길동무가 필요해요. 엄마와 아빠가 서로에게 힘이 되어준다면 힘든 길에 조금이나마 위안이 되지 않을까 싶습니다.

나도 모르게 아이를
다그치고 후회했다면

퇴근하고 집에 와서 아이들의 온라인 수업을 봐주다 보면 가끔은 목소리가 커지는 순간을 마주합니다. 아이들을 보면서 화가 욱하고 치미는 순간들이 있기 때문이에요. 왜 그렇게 쿵쾅거리면서 걸어 다닐까요? 왜 뛸까요? 아래층에서 올라올까 봐마음이 불편합니다. 재미있게 놀기만 하면 되는데 형제들은 왜 그렇게 싸울까요? 즐겁게 놀아도 아까운 시간인데 말이에요. 공부는 자기가 하기 싫은 건데 짜증은 왜 엄마 아빠한테 낼까요? 부모 때문에 공부하는 것도 아닌데 말이지요. 밖에 나갔다오면 옷을 벗어서 왜 아무 데나 둘까요? 손발을 깨끗이 씻고 나서 옷장에다 가지런히 두면 얼마나 좋을까요?

여러 가지 이유로 부모의 감정은 격앙되곤 합니다. 부드럽게 표현해서 격앙이지, 현실적으로 표현하면 열폭이겠지요. 압력 밥솥처럼 쌓아둔 김을 '펑' 하고 폭발시킵니다. 아이에게 잔소리 속사포를 날리기도 하고, 한 번에 깔끔하게(?) 팍! 지르기도 하지요. 그렇게 해서 마음이 편안하면 괜찮을 텐데, 그렇지도 않습니다. 아이에게 미안한 마음, '내가 또 화를 냈어' 하는 자괴감 때문에 속상하고 답답한 마음을 느끼니까요. 화를 내고, 자괴감을 느끼고, 다음번에 비슷한 상황에서 또 화를 내고, 또 자괴감을 느끼고… 이런 악순환은 부모로서 자존감을 키우는 데 걸림돌이 되는 일입니다. 그렇다면 어떻게 해야 걸림돌을 피할 수 있을까요? 어떻게 해야 그 걸림돌을 밟고 일어서서 디딤돌로 만들 수 있을까요?

우리가 부모로서 가는 길에는 수많은 돌부리가 있습니다. 눈앞에 돌부리를 보지 못하고 지나치면 걸려서 넘어질 수 있어요. 그러면 그 돌부리는 걸림돌이 되어버리지요. 하지만 돌부리를 지나가기 전에 미리 '아, 돌부리가 있구나' 하며 알 수 있다면 돌부리는 디딤돌이 될 것입니다. 돌부리를 밟고 더 높은 곳을 바라볼 수도 있을 테니까요. 부모 앞에 있는 돌부리는 화가 나는 순간입니다. 어떻게 하면 그 순간을 디딤돌로 만들어 부모로서의 자존감을 키울 수 있을지 진지하게 고민을 해봤으면 합니다. 차근차근 말이지요.

일단 화가 나는 순간을 떠올립니다. 아이 때문에 욱하고 짜증 났던 순간, 매일매일 되풀이되는 그런 반복적인 상황들이 있을 거예요. 진정으로 도움받기 위해서는 지금부터 이야기하는 것들을 여러분의 상황과 일치시켜 생각해보는 것이 중요합니다. 그래야만 나름의 해결책과 나아갈 방향을 찾을 수 있을 테니까요. 언제 화가 나는지 떠올렸나요? 아이들이 싸울 때, 공부하면서 짜증 낼 때, 일기 쓰라고 하니까 엉엉 울 때, 무언가를 지시했는데 제대로 듣지 않을 때… 여러 가지 상황에서 우리는 욱하고 짜증이 납니다. 그런데 한번쯤 다시 생각해보면 크게 소리를 지르거나 화내지 않아도 괜찮은 일들이 분명 있어요. 그럼에도 불구하고 화를 내는 거예요. 미국의 신경 심리학자 프레데리케 파브리티우스는 『뇌를 읽다』에 이런 말을 남겼습니다.

우리 뇌의 이성적이고 지각력 있는 영역이 더욱 강력하고 원시적인 무의식의 영역에 의해 장악되면 감정의 폭발이 일어난다.

그녀는 이성을 주관하는 전전두피질과 감정을 주관하는 변연계의 싸움에서 변연계가 우세할 수밖에 없다고 이야기합니다. 변연계는 인간의 생존과 위협을 위해 '욱'하거든요. 다시 말해 우리의 뇌는 순간적으로 욱하는 시스템을 갖고 있다는 거예요. 이것을 뇌 과학에서는 '투쟁-도피 반응'이라고 부릅니다.

편도체가 활성화되면서 스트레스에 민감하게 반응하는 것이지요. 인간은 원시 시대부터 많은 위협에 직면하고 살았기 때문에 순간적으로 재빠르게 반응할 필요가 있었습니다. 그래서 위협을 마주하면 순간적으로 반응하는데, 오랜 시간이 흐른 지금도 여전히 우리 뇌에는 그런 시스템이 남아 있는 셈이에요. 문제는 요즘 우리가 생명에 직접적인 위협이 아니더라도 그렇게 반응한다는 거예요. 돌이켜 생각해보면 아무것도 아닌 일인데도 그 순간에는 심장 박동이 빨라지고, 이성의 영역이 멈추면서 본능적인 감정이 튀어나와요. 바로 이런 반응 때문에 우리는 자존감에 많은 상처를 입습니다.

'내가 너무 심했지?', '그렇게까지 소리 지를 일은 아니었는데……'라고 자책합니다. 심지어는 '나는 부모 자격이 없어'라며 스스로를 평가 절하하기도 하고요. 아이에게 화를 낸 다음에 느끼는 자괴감이 부모로서 성장하는 데 디딤돌이 되면 좋겠지만, 대부분은 걸림돌이 되어 넘어지게 만듭니다. 그래서 화를 낸 다음에 자괴감을 느끼는 것은 전혀 도움이 되지 않아요. 태풍이 없는 여름은 드뭅니다. 태풍이 지나간 자리, 맑은 하늘을 보려면 '나는 왜 이럴까?' 자책하기보다는 '오늘도 화를 내버렸네. 어떤 노력을 더 해야 할까?'라고 생각하며 내일을 기약하는 편이 부모에게도 아이에게도 더 도움이 되는 마음 씀씀이지요. '어떻게 해야 마음에 끌려다니지 않고 마음을 쓸 수 있을까?'라고 고민하는 부모에게 필요한 태도니까요.

안타깝게도 사람은 쉽게 바뀌지 않습니다. 화내는 데 익숙한 사람은 아무리 자괴감을 느껴도 하루아침에 바뀌지 않아요. 변연계가 힘이 더 세기 때문이에요. 이런 사실부터 인정해야 우리가 부모로서 걷는 기나긴 길에서 지치지 않을 수 있어요. 세상의 많은 일이 그렇듯 마음을 다스리는 일도 첫술에 배부르기는 힘듭니다. 마음의 변화는 가랑비에 옷 젖듯이 천천히 일어나기 때문입니다.

학부모로
산다는 것은

아이가 어렸을 때를 돌이켜 보면 그런 시절이 있었습니다. 밥만 잘 먹고 똥만 잘 싸도 예쁘던 시절. "우아, 밥 잘 먹네", "이야, 똥도 잘 쌌네"라고 말하며 무슨 일을 해도 예쁘던 그런 시절이 우리 아이에게도 있었지요. 그렇게 존재만으로도 찬란하던 어린 시절, 살짝 웃기만 해도 한없이 귀엽던 아이는 어느덧 자라서 취학 통지서를 받습니다. 뭔지 모르게 뭉클하던 그 순간, 얼마 후 자랑스러운 입학식을 거쳐 아이는 초등학생이, 그리고 부모는 학부모가 되지요. 아이도 부모도 한 단계 나아가는 그 순간, 부모는 한 가지 마음을 더 품습니다.

'아이가 잘해낼 수 있을까?'

바로 조바심이에요. 교육이 시작되고, 평가를 치르고, 경쟁의 문이 열리는 그 시점부터 부모는 조바심을 가집니다. 어찌 되었든 아이가 성장해 사회에서 제대로 자리 잡기를 바라는 마음이 생길 수밖에 없으니까요. 어떻게 보면 조바심이 생기지 않는 것이 이상하다는 생각도 듭니다. 우리나라 같은 무한 경쟁 사회에서, 요즘같이 경제 상황이 불확실한 상황에서 내 아이의 생존을 걱정하는 것은 당연한 마음이니까요. 아이의 생존과 자립에 밀접하게 연관된 교육의 문제. 그래서 이런 상황이 더 어려운지도 모르겠습니다. 코로나19로 인해 들쭉날쭉한 등교 수업 상황이지만 어떻게든 제대로 가르쳐야 한다는 마음을 먹게 되니까요.

학부모가 아니었다면 좀 편했을까요? 아마 그랬을지도 모르지요. 하지만 아이를 낳고 기르는 이상, 학부모의 길을 피하는 방법은 요원해 보입니다. 홈스쿨링을 하더라도 결국은 대학 등 고등 교육 기관에 보내고 싶은 것이 부모의 마음이니까요. 어쩌면 학부모라는 과정은 통과 의례일지도 모릅니다. 우리가 부모라는 인생을 살면서 한 번쯤은 꼭 거쳐야 하는 그런 과정 말이에요. 부모가 노심초사하며 함께 보내는 아이의 학창 시절. 신기한 건 매일매일 공부를 봐주는 일은 정말 힘든데, 지나고 나면 정말 금방이더군요. 지나간 시간을 돌이켜 보면 힘들고 답답했다는 마음보다는 '그래도 열심히 했다'라는 뿌듯한 마음이 더 많이 기억에 남습니다.

'어느새' 성장한 모습을 보여주는 우리 아이들. 그런데, 그거 아세요? '어느새'는 갑자기 오지 않습니다. '어느새'는 지금 우리가 숨을 쉬는 순간순간들이 농밀하게 모인 순간이기 때문이에요. 부모인 우리가 아이들과 눈을 마주치고 있는 순간, 아이들이 자기 삶을 꾸려가기 위해 공부하는 모습을 바라보고 있는 순간, 아이들의 갖가지 문제로 힘들어하는 순간, 힘들지만 성장하기 위해 발버둥치는 순간… 때때로 힘에 부치기도 하지만 이런 순간들이 모여 아이들은 자라납니다. 그래서 '학부모'가 되는 일은 위대합니다. 충분히 자부심을 느껴도 될 만큼 말이지요. 그러니까 지금부터라도 마음껏 자랑스러워하면 좋겠습니다.

오늘의 갈등이 쌓여
내일의 열매가 된다

아이의 공부를 봐주며 씨름을 하다 보면 '내가 왜 이러고 있
나?' 하고 답답할 때가 있습니다. 끊이지 않는 아이와의 기 싸
움은 부모를 정말 힘에 부치게 만들지요. 너무 힘든 나머지 '그
냥 관둘까?' 하는 마음을 갖게 되기도 해요. 그러다가도 '그래
도 공부는 봐줘야지' 하면서 힘을 내기도 하고요. 답답한 마
음에 책을 들춰보는데 미국의 신화학자 조지프 캠벨Joseph
Campbell의 이야기가 눈에 들어왔습니다. 그는 『신화의 힘The
Power of Myth』에서 니체의 말을 언급하며 어린아이와 소년의
변모를 낙타의 변모에 빗대서 이야기하더군요.

책임 있는 삶을 살기 위해서는 사회가 요구하는 교육과 수업을 받아

야 하는 복종의 시절이 있는 법입니다. 낙타가 무릎을 꿇는 것은 바로 이것을 말합니다. 짐이 실리면 낙타는 일어나 비틀거리면서 광야로 나가는데, 낙타는 여기에서 사자로 변모합니다. 등짐이 무거우면 무거울수록 사자의 힘은 그만큼 강해집니다.

요즘 아이라는 낙타의 등에 어마어마한 짐을 싣는 부모들이 많습니다. 집에서 온라인 수업을 함께하며, 집공부를 봐주며 하루에도 몇 번씩 짐을 싣고 있어요. 그런데 짐을 실어주기가 정말 어렵고 힘듭니다. 온라인 콘텐츠가 있기는 하지만, 학교에 가지 않고 그 많은 것을 집에서 하려니 얼마나 힘이 들까요. 그 전까지는 학교에서 이뤄졌던 많은 일들이 부모의 몫이 되어버렸으니까요. 그래서 요즘 특히 더 부모 노릇이 힘든지도 모르겠습니다. 사실 부모는 비단 교과 공부뿐만 아니라 공부 외적인 부분까지 아이에게 지겹도록 이야기하지요.

"밥 먹을 때는 입 다물고 먹어."
"친구와 함께 놀 때는 친구의 기분도 같이 살펴야 해."
"옷은 바닥에 놓지 말고 제대로 정리해."

아이에게 강제하는 수많은 것들, 이런 강제로 인해 아이와 부모 사이에는 '때때로' 갈등이 존재합니다. '때때로'라는 말을

282

쓰고 싶지만, 사실 '꽤 자주'라고 표현해야 한다는 건 함정이지만요. 그런 일상적인 '강제'에 공부까지… 요즘 부모들은 정신이 없습니다. 먹고살기 위한 일과 더불어 아이를 키우는 고난도의 일까지 잘해야 하니까요. 고생스럽기는 하지만 의미 있는 일이에요. 부모가 아이라는 낙타에게 싣는 등짐이 무거우면 무거울수록, 청년이라는 사자가 되었을 때 훨씬 많은 힘을 갖게 될 수 있거든요. 이 같은 과정을 조지프 캠벨은 인류의 동물에서 문명화한 인류의 동물로 변모하는 시기라고 했습니다. 다시 말해 동물을 사람으로 만드는 과정인 셈이에요.

하고 싶은 대로만 하도록 놔두면 아이는 잘 자랄까요? 갈등을 없애기 위해 해야 할 일을 하지 않고 지내면 아이는 책임 있는 어른이 될 수 있을까요? 부모와 아이라는 이름으로 만난 사이, 그런 사이에 갈등은 피할 수 없습니다. 짐을 싣는 부모와 짐을 힘들어하는 아이, 둘 사이의 갈등은 필연적이지요. 한마디로 부모는 편한 역할이 아니에요. 그 힘든 역할을 하느라 매일매일 답답한 마음이 들고 화가 나기도 합니다. 그런가 하면 아이가 멋지게 자기 일을 해내는 모습을 보면서 기쁘기도 하고요. 이런 마음, 저런 마음을 매일매일 겪어내면서 그렇게 우리는 부모가 되어가는 것입니다.

사회에 걸맞은 어느 정도의 틀을 갖추고 길을 걸어갈 수 있도록 부모는 아이의 곁을 지킵니다. 정말 멋진 일을 하는 셈이지요. 힘들지만 보람이 있는 일이에요. 멋지게 자란 아이를 바라보며 보람을 느낄 훗날을 위해 오늘의 부모가 흔들리고 답답한지도 모르겠습니다. 만약 지금 흔들리고 답답한 마음이 든다면 분명 나중에는 뿌듯한 마음으로 미소 짓는 날도 있을 거예요. 바로 오늘, 부모로서 인내해야 하는 이유입니다.

선생님이 된
엄마 아빠들에게

　다른 집 엄마 아빠에게 아이를 맡겨본 적이 있나요? 종종 아이 친구의 가족과 함께 휴가를 갈 때가 있습니다. 아이의 공부 습관을 유지하기 위해 휴가이긴 하지만 간단한 일기 쓰기나 수학 연산 한두 장은 하게끔 노력하곤 하지요. 30분 남짓의 시간이지만 휴가에서 돌아와도 리듬을 유지하는 데 많은 도움을 주기 때문이에요. 그런데 다른 가족과 함께 휴가를 가면 아이를 서로 교대해서 맡습니다. 일기를 봐주는 일도, 수학 연산을 지도하는 일도 모두 크로스로 해요. 우리 아이는 친구의 엄마 아빠가, 아이 친구는 저와 아내가 맡는 식이에요. 그러면 신기한 일이 일어납니다. 자기 엄마 아빠 앞에서는 하기 싫다고 징징대는 아이도 친구의 엄마 아빠 앞에서는 그렇게 얌전하고 고분고분할 수가 없거든요. 그 모습을 보면서 '공부는 핏줄끼리는 가르치는 게 아니구나'라는 생각이 들더군요.

집공부는 절대 쉽지 않습니다. 선생님이 아닌 엄마 아빠가 아이를 가르친다는 건 힘든 일이거든요. 내 아이를 가르친다는 건 정말 뭐라고 설명할 수 없을 만큼 고뇌와 번뇌에 사로잡히는 일이에요. 한마디로 열받는 일이지요. 만약 아이의 공부를 봐주다가 열이 뻗친다면 '내가 지극히 정상이구나'라고 생각하면 됩니다.

코로나19 이후로 아이들이 선생님을 대면하는 일이 제한되었습니다. 정말 안타까워요. 엄마 아빠 말은 듣지 않아도 선생님 말씀은 어느 정도 듣는 아이들이었는데 말이에요. 온라인 수업 등 비대면으로 수업하면 선생님 역할을 엄마 아빠가 조력할 수밖에 없어요. 부모가 힘든 건 바로 이 지점입니다. 학교 선생님에게도 집에서 자기 아이 온라인 수업을 봐주는 일은 너무나 힘들어요. 일단 감정적으로 지치니까요.

예전에는 집에서 아이들의 복습을 조금 봐주면서도 힘들고 답답함을 느꼈습니다. 그래서 그런 이야기를 블로그에 하나씩 정리했었지요. 같은 어려움을 겪는 부모님들에게 도움이 되고 싶어서요. 그러다 코로나19로 인해 온라인 수업을 봐주는데, 이건 도저히 할 수 있는 일이 아니었습니다. 어떻게 표현할 수 없을 만큼 힘들고 답답하지만 글로 남겨두면 마음을 다스릴 수 있을 것 같아 다시 한번 블로그에 하나씩 이야기를 정리했어요. 그때마다 '저도 힘들어요', '우리 집도 똑같아요'라는 댓글을 보면 왜 그렇게 위안이 되던지요. '나만 답답한 게 아니구나' 하는 생각이 들었습니다.

그렇게 블로그에 써나갔던 글을 한 권의 책으로 정리했습니다. 블로그의 이야기를 책으로 정리했던 시간 동안 계속 기대했어요. '이렇게 정리하고 나면 다음 학기는 온라인 수업 봐주는 일이 좀 나아지겠지?'라는 생각이 들어서요. 그리고 하나 더, 막연하게 아는 것보다는 책으로 정리하면서 나름의 체계를 잡아 매뉴얼을 하나 만든다면 도움이 될 것 같았지요. 그렇게 아이의 집공부 때문에 힘든 부모님들에게 도움이 되기를 바라는 마음을 담아 열심히 한 권의 책으로 만들었습니다. 부디 이 책이 집공부가 어렵거나 답답한 부모님들에게 조금이나마 희망의 빛이 되기를 바랍니다.

◆ 감사의 말

이 책이 나오기까지 짧은 시간 고생하며 편집하는 일도 힘들 텐데 커피 쿠폰까지 보내면서 응원해준 최유진 편집자님, 학부모로서 실질적인 조언을 아끼지 않은 민혜영 대표님, 짜증을 조금 내기는 하지만 집에서 열심히 공부하는 멋진 두 아들, 주말에 원고를 쓰느라 집을 비워도 응원해준 아내, 어렸을 때 뒷바라지도 모자라 커서도 맞벌이 아들이라 낮에 손자들까지 돌봐주시는 부모님, 학년 교과 과정을 정리할 때 많은 도움을 준 동료 선생님들, 온라인 수업과 자가 진단에 고생 많은 우리 반 학부모님들, 그리고 무엇보다 매일 아침 이야기를 즐겨 읽고 공감하며 답글로 응원해준 블로그 이웃님들과 동네 학부모님들에게 감사의 말씀을 전합니다. 책 집필은 혼자 할 수 없는 일이라는 사실을 이번 작업을 통해서 많이 느꼈습니다. 많은 분들의 도움과 응원이 아니었다면 이 책은 세상에 나올 수 없었을 거예요. 앞으로도 감사한 마음을 가슴 깊이 새기며 도움이 되는 좋은 이야기를 할 수 있도록 열심히 공부하고 집필하겠습니다. 감사합니다.

2015 개정 교육 과정
과목별 내용 체계

🖊 국어과 내용 체계

듣기·말하기

핵심 개념	내용 요소		
	1~2학년	3~4학년	5~6학년
▶ 듣기·말하기의 본질			• 구어 의사소통
▶ 목적에 따른 담화의 유형 • 정보 전달 • 설득 • 친교·정서 표현 ▶ 듣기·말하기와 매체	• 인사말 • 대화 [감정 표현]	• 대화[즐거움] • 회의	• 토의 [의견 조정] • 토론 [절차와 규칙, 근거] • 발표 [매체 활용]
▶ 듣기·말하기의 구성 요소 • 화자·청자·맥락 ▶ 듣기·말하기의 과정 ▶ 듣기·말하기의 전략 • 표현 전략 • 상위 인지 전략	• 일의 순서 • 자신 있게 말하기 • 집중하며 듣기	• 인과 관계 • 표정, 몸짓, 말투 • 요약하며 듣기	• 체계적 내용 구성 • 추론하며 듣기
▶ 듣기·말하기의 태도 • 듣기·말하기의 윤리 • 공감적 소통의 생활화	• 바르고 고운 말 사용	• 예의를 지켜 듣고 말하기	• 공감하며 듣기

읽기

핵심 개념	내용 요소		
	1~2학년	3~4학년	5~6학년
▶ 읽기의 본질			• 의미 구성 과정
▶ 목적에 따른 글의 유형 • 정보 전달 • 설득 • 친교·정서 표현 ▶ 읽기와 매체	• 글자, 낱말, 문장, 짧은 글	• 정보 전달, 설득, 친교 및 정서 표현 • 친숙한 화제	• 정보 전달, 설득, 친교 및 정서 표현 • 사회·문화적 화제 • 글과 매체
▶ 읽기의 구성 요소 • 독자·글·맥락 ▶ 읽기의 과정 ▶ 읽기의 방법 • 사실적 이해 • 추론적 이해 • 비판적 이해 • 창의적 이해 • 읽기 과정의 점검	• 소리 내어 읽기 • 띄어 읽기 • 내용 확인 • 인물의 처지· 마음 짐작하기	• 중심 생각 파악 • 내용 간추리기 • 추론하며 읽기 • 사실과 의견의 구별	• 내용 요약 [글의 구조] • 주장이나 주제 파악 • 내용의 타당성 평가 • 표현의 적절성 평가 • 매체 읽기 방법의 적용
▶ 읽기의 태도 • 읽기 흥미 • 읽기의 생활화	• 읽기에 대한 흥미	• 경험과 느낌 나누기	• 읽기 습관 점검하기

쓰기

핵심 개념	내용 요소		
	1~2학년	3~4학년	5~6학년
▶ 쓰기의 본질			• 의미 구성 과정
▶ 목적에 따른 글의 유형 • 정보 전달 • 설득 • 친교·정서 표현 ▶ 쓰기와 매체	• 주변 소재에 대한 글 • 겪은 일을 표현하는 글	• 의견을 표현하는 글 • 마음을 표현하는 글	• 설명하는 글[목적과 대상, 형식과 자료] • 주장하는 글[적절한 근거와 표현] • 체험에 대한 감상을 표현한 글

▶ 쓰기의 구성 요소 • 필자·글·맥락 ▶ 쓰기의 과정 ▶ 쓰기의 전략 • 과정별 전략 • 상위 인지 전략	• 글자 쓰기 • 문장 쓰기	• 문단 쓰기 • 시간의 흐름에 따른 조직 • 독자 고려	• 목적·주제를 고려한 내용과 매체 선정
▶ 쓰기의 태도 • 쓰기 흥미 • 쓰기 윤리 • 쓰기의 생활화	• 쓰기에 대한 흥미	• 쓰기에 대한 자신감	• 독자의 존중과 배려

문법

핵심 개념	내용 요소		
	1~2학년	3~4학년	5~6학년
▶ 국어의 본질			• 사고와 의사 소통의 수단
▶ 국어 구조의 탐구와 활용 • 음운 • 단어 • 문장 • 담화		• 낱말의 의미 관계 • 문장의 기본 구조	• 낱말 확장 방법 • 문장 성분과 호응
▶ 국어 규범과 국어 생활 • 발음과 표기 • 어휘 사용 • 문장·담화의 사용	• 한글 자모의 이름과 소릿값 • 낱말의 소리와 표기 • 문장과 문장 부호	• 낱말 분류와 국어사전 활용 • 높임법과 언어 예절	• 상황에 따른 낱말의 의미 • 관용 표현
▶ 국어에 대한 태도 • 국어 사랑 • 국어 의식	• 글자·낱말· 문장에 대한 흥미	• 한글의 소중함 인식	• 바른 국어 사용

문학

핵심 개념	내용 요소		
	1~2학년	3~4학년	5~6학년
▶ 문학의 본질			· 가치 있는 내용의 언어적 표현
▶ 문학의 갈래와 역사 　· 서정 　· 서사 　· 극 　· 교술 ▶ 문학과 매체	· 그림책 · 동요, 동시 · 동화	· 동요, 동시 · 동화 · 동극	· 노래, 시 · 이야기, 소설 · 극
▶ 문학의 수용과 생산 　· 작품의 내용·형식· 　　표현 　· 작품의 맥락 　· 작가와 독자	· 작품 낭독· 　감상 · 작품 속 인물의 　상상 · 말놀이와 　말의 재미 · 일상생활에서 　겪은 일의 표현	· 감각적 표현 · 인물, 사건, 배경 · 이어질 내용의 　상상 · 작품에 대한 　생각과 느낌 　표현	· 작품 속 세계와 　현실 세계의 　비교 · 비유적 표현의 　특성과 효과 · 일상 경험의 　극화 · 작품의 이해와 　소통
▶ 문학에 대한 태도 　· 자아 성찰 　· 타자의 이해와 소통 　· 문학의 생활화	· 문학에 대한 　흥미	· 작품을 즐겨 　감상하기	· 작품의 가치 　내면화하기

✎ 수학과 내용 체계

영역	핵심 개념	내용 요소		
		1~2학년	3~4학년	5~6학년
수 와 연 산	수의 체계	· 네 자리 　이하의 수	· 다섯 자리 이상의 　수 · 분수 · 소수	· 약수와 배수 · 약분과 통분 · 분수와 소수의 관계

수와 연산	수의 연산	• 두 자리 수 범위의 덧셈과 뺄셈 • 곱셈	• 세 자리 수의 덧셈과 뺄셈 • 자연수의 곱셈과 나눗셈 • 분모가 같은 분수의 덧셈과 뺄셈 • 소수의 덧셈과 뺄셈	• 자연수의 혼합 계산 • 분모가 다른 분수의 덧셈과 뺄셈 • 분수의 곱셈과 나눗셈 • 소수의 곱셈과 나눗셈
도형	평면 도형	• 평면 도형의 모양 • 평면 도형과 그 구성 요소	• 도형의 기초 • 원의 구성 요소 • 여러 가지 삼각형 • 여러 가지 사각형 • 다각형 • 평면 도형의 이동	• 합동 • 대칭
	입체 도형	• 입체 도형의 모양		• 직육면체, 정육면체 • 각기둥, 각뿔 • 원기둥, 원뿔, 구 • 입체 도형의 공간 감각
측정	양의 측정	• 양의 비교 • 시각과 시간 • 길이(cm, m)	• 시간, 길이(mm, km), 들이, 무게, 각도	• 원주율 • 평면 도형의 둘레, 넓이 • 입체 도형의 겉넓이, 부피
	어림하기			• 수의 범위 • 어림하기 (올림, 버림, 반올림)
규칙성	규칙성과 대응	• 규칙 찾기	• 규칙을 수나 식으로 나타내기	• 규칙과 대응 • 비와 비율 • 비례식과 비례배분
자료와 가능성	자료 처리	• 분류하기 • 표 • ○, ×, / 를 이용한 그래프	• 간단한 그림그래프 • 막대그래프 • 꺾은선 그래프	• 평균 • 그림그래프 • 띠그래프, 원그래프
	가능성			• 가능성

🖊 사회과 내용 체계

영역	핵심 개념	일반화된 지식	내용 요소	
			3~4학년	5~6학년
경제	경제 생활과 선택	희소성으로 인해 경제 문제가 발생하며, 이를 해결하기 위해서는 비용과 편익을 고려해야 한다.	희소성, 생산, 소비, 시장	가계, 기업, 합리적 선택
	시장과 자원 배분	경쟁 시장에서는 시장 균형을 통해 자원 배분의 효율성이 이루어지고, 시장 실패에 대해서는 정부가 개입한다.		자유 경쟁, 경제 정의
	국가 경제	경기 변동 과정에서 실업과 인플레이션이 발생하며, 국가는 경제 안정화 방안을 모색한다.		경제 성장, 경제 안정
	세계 경제	국가 간 비교 우위에 따른 특화와 교역이 발생하며, 외환 시장에서 환율이 결정된다.		국가 간 경쟁, 상호 의존성
사회 · 문화	연구 방법	사회·문화 현상에 대한 정확하고 올바른 탐구를 위해 다양한 관점과 연구 방법이 활용된다.	자료 수집, 자료 분석, 자료 활용	
	개인과 사회	개인은 사회를 통해서 성장하고 사회는 개인의 역할 수행을 통해 유지, 존속된다.	가족 구성원의 역할 변화	
	문화	생활 양식으로서의 문화를 이해하고 향유하기 위해서는 다양한 요인에 따라 나타나는 문화 다양성 및 변동 양상에 대한 올바른 인식과 태도가 중요하다.	문화, 편견과 차별, 타문화 존중	
	사회 계층과 불평등	다양한 양상으로 나타나는 사회 불평등과 관련 문제를 해결하기 위해 개인과 사회 차원의 노력이 필요하다.		신분 제도, 평등 사회
	현대의 사회 변동	사회 변동 양상에 대한 정확한 이해와 대응을 통해 지속 가능한 사회가 실현된다.	가족 형태의 변화, 사회 변화, 일상 생활의 변화	지속 가능한 미래

지리 인식	지리적 속성	지표상에 분포하는 모든 사건과 현상은 절대적, 상대적 위치와 다양한 규모의 영역을 차지하며, 위치와 영역은 해당 사건과 현상의 결과이자 주요 요인으로 작용한다.	• 고장의 위치와 범위 인식	• 국토의 위치와 영역, 국토애 • 세계 주요 대륙과 대양의 위치와 범위, 대륙별 국가의 위치와 영토 특징
	공간 분석	다양한 공간 자료와 도구를 활용한 지리 정보 수집과 지리 정보 시스템의 활용은 지표상의 현상과 사건들을 분석하고 해석하며 추론하는 데에 필수적이다.	• 지도의 기본 요소(방위, 기호와 범례, 줄인자, 땅의 높낮이 표현)	• 공간 자료와 도구의 활용
장소 와 지역	장소	모든 장소들은 다른 장소와 차별되는 자연적, 인문적 성격을 지니며, 어떤 장소에 대한 장소감은 개인이나 집단에 따라 다양하다.	• 마을(고장) 모습과 장소감	
	지역	지표 세계는 장소적 성격의 동질성, 기능적 상호 관련성, 지역민의 인지 등의 측면에서 다양하게 구분되며, 이렇게 구분된 지역마다 고유한 지역성이 나타난다.	• 지역 중심지의 위치, 기능, 경관 특성	• 국토의 지역 구분과 지역성 • 우리와 관계 밀접 국가의 지리적 특성 • 우리 인접 국가의 지리 정보 및 상호 의존 관계
	공간 관계	장소와 지역은 인구, 물자, 정보의 이동 및 흐름을 통해 네트워크를 형성하고 상호 작용한다.	• 촌락과 도시의 상호 의존 관계	• 우리 인접 국가의 지리 정보 및 상호 의존 관계
자연 환경 과 인간 생활	기후 환경	지표상에는 다양한 기후 특성이 나타나며, 기후 환경은 특정 지역의 생활 양식에 중요하게 작용한다.		• 국토의 기후 환경 • 세계의 기후 특성과 인간 생활 간 관계

자연 환경과 인간 생활	지형 환경	지표상에는 다양한 지형 환경이 나타나며, 지형 환경은 특정 지역의 생활 양식에 중요하게 작용한다.		• 국토의 지형 환경
	자연 - 인간 상호 작용	인간 생활은 자연환경과 상호 작용하면서 이루어지고, 자연환경은 인간 집단의 활동에 의해 변형된다.	• 고장별 자연 환경과 의식주 생활 모습 간의 관계 • 고장의 지리적 특성과 생활 모습 간 관계, 고장의 생산 활동	• 국토의 자연재해와 대책 • 생활 안전 수칙
인문 환경과 인간 생활	인구의 지리적 특성	인구는 지표상의 특성에 따라 차별적으로 분포하며, 인구 밀도와 인구 이동, 인구 성장 단계는 지역의 특성을 반영하고 동시에 지역의 변화에 영향을 미친다.		• 국토의 인구 특징 및 변화 모습
	생활 공간의 체계	촌락과 도시는 인간의 생활 공간을 이루는 기본 단위이고, 입지, 기능, 공간 구조와 경관 등의 측면에서 다양한 유형이 존재하며, 여러 요인에 의해 변화한다.	• 촌락과 도시의 공통점과 차이점 • 촌락과 도시의 문제점 및 해결 방안	• 국토의 도시 분포 특징 및 변화 모습
	경제 활동의 지역 구조	지표상의 자원은 공간적으로 불균등한 분포를 보이고, 인간의 경제 활동은 지역에 따라 다양한 구조를 나타내며, 여러 요인에 의해 변화한다.	• 교통수단의 발달과 생활 모습의 변화	• 국토의 산업과 교통 발달의 특징 및 변화 모습
	문화의 공간적 다양성	인간은 자연환경 및 인문 환경에 적응하거나 이를 극복하는 과정에서 장소나 지역에 따라 다양한 문화를 형성하고, 문화는 여러 요인에 의해 변동된다.		• 세계의 생활 문화와 자연환경 및 인문 환경 간의 관계

지속 가능한 세계	갈등과 불균등의 세계	자원이나 인간 거주에 유리한 조건은 공간적으로 불균등하게 분포하고, 이에 따라 지역 간 갈등이나 분쟁이 발생한다.		• 지역 갈등의 원인과 해결 방안
	지속 가능한 환경	자연환경과 조화를 이루며 살아가려는 인간의 신념 및 활동은 지구 환경의 지속 가능성을 담보한다.		• 지구촌 환경 문제 • 지속 가능한 발전 • 개발과 보존의 조화
역사 일반	역사의 의미	역사학은 '기록으로서의 역사'와 '해석으로서의 역사'를 모두 다루는 학문으로서 과거의 사실을 바탕으로 현재의 우리를 이해하는 통로가 된다.	• 우리가 알아보는 고장 이야기(고장과 관련된 옛이야기, 고장의 문화유산, 고장의 지명)	
정치·문화사	선사 시대와 고조선의 등장	한반도에는 구석기 시대부터 사람이 살기 시작하였으며, 신석기 시대와 청동기 시대를 거친 후 최초의 국가인 고조선이 등장하였다.	• 시대마다 다른 생활 모습(옛사람들의 생활 도구와 주거 형태)	
	여러 나라의 성장	고조선이 멸망한 후 부여, 고구려, 옥저, 동예, 삼한 등이 등장하였다.		
	삼국의 성장과 통일	고구려, 백제, 신라는 중앙 집권화를 거쳐 국가로 발전하였으며, 서로 간의 항쟁을 거쳐 신라가 통일을 이루었다.		• 고대 국가의 등장과 발전(삼국의 발전, 불국사와 석굴암)
	통일 신라와 발해	통일 신라는 전제 왕권을 바탕으로 국가적 통합을 이루고자 하였으며, 옛 고구려 땅에서 등장한 발해는 고구려 계승 의식을 내세우며 문화적으로 발전한 국가를 이루었다.		• 통일 신라와 발해

정치·문화사	고려 문벌 귀족 사회의 형성과 변화	후삼국을 통일한 고려는 문벌귀족을 중심으로 정치가 발전하였으며, 무신 집권기를 거쳐 몽골의 간섭을 받았다.		• 독창적 문화를 발전시킨 고려 (고려청자와 고려 문화, 금속 활자와 그 의의, 팔만대장경)
	조선의 건국과 유교 문화의 성숙	성리학을 정치 이념으로 내세운 조선은 유교 정치를 표방하였으며, 이를 바탕으로 문화를 발전시켰다.		• 민족 문화를 지켜나간 조선 (이성계, 세종, 훈민정음)
	전란과 조선 후기 사회의 변동	임진왜란과 병자호란을 거친 조선은 새로운 사회로 변화되었다.		• 새로운 사회를 향한 움직임 (영·정조의 정치)
	개항과 개화파	개항 이후 개화파의 등장으로 근대 개혁이 이루어졌으나 일제의 침략으로 좌절되었다.		• 새로운 사회를 향한 움직임 (근대 개혁)
	일제 식민 지배와 광복을 위한 노력	일제의 지배에 맞서 나라를 되찾기 위한 노력을 하였다.		• 일제의 침략과 광복을 위한 노력
	대한민국의 발전	광복 후 대한민국이 수립되었으며, 6·25전쟁을 거쳐 민주화와 산업화를 이룩하였다.		• 대한민국의 수립과 6·25 전쟁 • 자유 민주주의 발전과 시민 참여
	대한민국의 미래	우리나라는 남북통일과 주변국과의 역사 갈등 해소를 통해 평화롭고 번영하는 미래를 추구해 나가야 한다.		• 통일을 위한 노력 • 역사 갈등 해소를 위한 노력과 독도

사 회 · 경 제 사	신분제 의 변화	전근대 시대 신분제는 정치 변동과 함께 변화하다가 근대에 이르러 사라졌다.		• 인권 개선을 위한 노력
	경제적 변동	전근대 시기 농업 중심의 경제는 현대에 들어서 상공업 중심 경제로 변화하였다.		• 경제 생활의 변화와 우리나라 경제의 성장
	가족 제도	우리나라의 가족 제도는 시대 변화에 따라 다양하게 변하였다.	• 가족의 모습과 역할 변화	
	전통 문화	우리나라의 전통문화는 시대 변화에 따라 변화 발전되어왔다.	• 세시 풍속의 변화상	

✐ 과학과 내용 체계

영역	핵심 개념	내용 요소	
		3~4학년	5~6학년
힘과 운동	시공간과 운동		• 속력 • 속력과 안전
	힘	• 무게 • 수평 잡기 • 용수철저울의 원리	
	역학적 에너지		
전기와 자기	전기		• 전기 회로 • 전기 절약 • 전기 안전
	자기	• 자기력 • 자석의 성질	• 전자석
열과 에너지	열평형		• 온도 • 전도, 대류 • 단열

파동	파동의 종류	• 소리의 발생 • 소리의 세기 • 소리의 높낮이 • 소리의 전달 • 빛의 직진 • 그림자	
	파동의 성질	• 평면거울 • 빛의 반사	• 프리즘 • 빛의 굴절 • 볼록 렌즈
물질의 구조			
물질의 성질	물리적 성질과 화학적 성질	• 물체와 물질 • 물질의 성질 • 물체의 기능 • 물질의 변화 • 혼합물 • 혼합물의 분리 • 거름 • 증발	• 용해 • 용액 • 용질의 종류 • 용질의 녹는 양 • 용액의 진하기 • 용액의 성질 • 용액의 분류 • 지시약 • 산성 용액 • 염기성 용액 • 공기
	물질의 상태	• 고체, 액체, 기체 • 기체의 무게	• 산소 • 이산화 탄소 • 온도에 따른 기체 부피 • 압력에 따른 기체 부피
물질의 변화	물질의 상태 변화	• 물의 상태 변화 • 증발 • 끓음 • 응결	
	화학 반응		• 연소 현상 • 연소 조건 • 연소 생성물 • 소화 방법 • 화재 시 안전 대책
생명 과학과 인간의 생활	생명 공학 기술	• 생활 속 동·식물 모방 사례	• 균류, 원생생물, 세균의 이용 • 첨단 생명 과학과 우리 생활

생물의 구조와 에너지	생명의 구성단위		• 현미경 사용법 • 세포 • 핵 • 세포막 • 세포벽
	동물의 구조와 기능		• 뼈의 근육의 구조와 기능 • 소화·순환·호흡·배설 기관의 구조와 기능
	식물의 구조와 기능		• 뿌리, 줄기, 잎의 기능 • 증산 작용
	광합성과 호흡		• 광합성
항상성과 몸의 조절	자극과 반응		• 감각 기관의 종류와 역할 • 자극 전달 과정
생명의 연속성	생식	• 동물의 한살이 • 완전·불완전 탈바꿈 • 식물의 한살이 • 씨가 싹트는 조건 • 동물의 암·수 • 동물의 암·수 역할	• 씨가 퍼지는 방법
	진화와 다양성	• 다양한 환경에 사는 동물과 식물 • 동물과 식물의 생김새 • 특징에 따른 동물 분류 • 특징에 따른 식물 분류	• 균류, 원생생물, 세균의 특징과 사는 곳
환경과 생태계	생태계와 상호 작용		• 생물 요소와 비생물 요소 • 환경 요인이 생물에 미치는 영향 • 생태계의 구조와 기능 • 환경 오염이 생물에 미치는 영향 • 생태계 보전을 위한 노력 • 먹이 사슬과 먹이 그물 • 생태계 평형

고체 지구	지구계와 역장	· 지구의 환경	
	판 구조론	· 화산 활동 · 지진 · 지진 대처 방법	
	지구 구성 물질	· 흙의 생성과 보존 · 풍화와 침식 · 화강암과 현무암 · 퇴적암	
	지구의 역사	· 지층의 형성과 특성 · 화석의 생성 · 과거 생물과 환경	
대기와 해양	해수의 성질과 순환	· 바다의 특징 · 물의 순환	
	대기의 운동과 순환		· 습도 · 이슬과 구름 · 저기압과 고기압 · 계절별 날씨
우주	태양계의 구성과 운동	· 지구와 달의 모양 · 지구의 대기 · 달의 환경	· 태양 · 태양계 행성 · 행성의 크기와 거리 · 낮과 밤 · 계절별 별자리 · 달의 위상 · 태양 고도의 일변화
	별의 특성과 진화		· 별의 정의 · 북쪽 하늘 별자리

영어과 내용 체계

영역	핵심 개념	일반화된 지식	내용 요소	
			3~4학년	5~6학년
듣기	소리	소리, 강세, 리듬, 억양을 식별한다.	• 알파벳, 낱말의 소리 • 강세, 리듬, 억양	• 알파벳, 낱말의 소리 • 강세, 리듬, 억양
	어휘 및 문장	낱말, 어구, 문장을 이해한다.	• 낱말, 어구, 문장	• 낱말, 어구, 문장
	세부 정보	말이나 대화의 세부 정보를 이해한다.	• 주변의 사람, 사물	• 주변의 사람, 사물 • 일상생활 관련 주제 • 그림, 도표
	중심 내용	말이나 대화의 중심 내용을 이해한다.		• 줄거리 • 목적
	맥락	말이나 대화의 흐름을 이해한다.		• 일의 순서
말하기	소리	소리를 따라 말한다.	• 알파벳, 낱말 • 강세, 리듬, 억양	• 알파벳, 낱말 • 강세, 리듬, 억양
	어휘 및 문장	낱말이나 문장을 말한다.	• 낱말, 어구, 문장	• 낱말, 어구, 문장
	담화	의미를 전달한다.	• 자기소개 • 지시, 설명	• 자기소개 • 지시, 설명 • 주변 사람, 사물 • 주변 위치, 장소
		의미를 교환한다.	• 인사 • 일상생활 관련 주제	• 인사 • 일상생활 관련 주제 • 그림, 도표 • 경험, 계획
읽기	철자	소리와 철자 관계를 이해한다.	• 알파벳 대소문자 • 낱말의 소리, 철자	• 알파벳 대소문자 • 낱말의 소리, 철자 • 강세, 리듬, 억양
	어휘 및 문장	낱말이나 문장을 이해한다.	• 낱말, 어구, 문장	• 낱말, 어구, 문장

읽기	세부 정보	글의 세부 정보를 이해한다.			• 그림, 도표 • 일상생활 관련 주제
	중심 내용	글의 중심 내용을 이해한다.			• 줄거리, 목적
	맥락	글의 논리적 관계를 이해한다.			
	함축적 의미	글의 행간의 의미를 이해한다.			
쓰기	철자	알파벳을 쓴다.	• 알파벳 대소문자		• 알파벳 대소문자
	어휘 및 어구	낱말이나 어구를 쓴다.	• 구두로 익힌 낱말, 어구 • 실물, 그림		• 구두로 익힌 낱말, 어구 • 실물, 그림
	문장	문장을 쓴다.			• 문장 부호 • 구두로 익힌 문장
	작문	상황과 목적에 맞는 글을 쓴다.			• 초대, 감사, 축하 글

✏️ 음악과 내용 체계

영역	핵심 개념	일반화된 지식	내용 요소		기능
			3~4학년	5~6학년	
표현	• 소리의 상호 작용 • 음악의 표현 방법	다양한 음악 경험을 통해 소리의 상호 작용과 음악의 표현 방법을 이해하여 노래, 연주, 음악 만들기, 신체 표현 등의 다양한 방식으로 표현한다.	음악의 구성	음악의 구성	• 노래 부르기 • 악기로 연주하기 • 신체 표현하기 • 만들기 • 표현하기
			자세와 연주법	자세와 연주법	
감상	• 음악 요소와 개념	다양한 음악을 듣고 음악 요소와 개념, 음악의 종류와 배경을 파악하여 음악을 이해하고 비평한다.	3~4학년 수준의 음악 요소와 개념	5~6학년 수준의 음악 요소와 개념	• 구별하기 • 표현하기 • 발표하기

영역	핵심개념	일반화된 지식	내용 요소 (3~4학년)	내용 요소 (5~6학년)	기능
감상	・음악의 종류 ・음악의 배경		상황이나 이야기 등을 표현한 음악	다양한 문화권의 음악	
생활화	・음악의 활용 ・음악을 즐기는 태도	음악을 생활 속에서 활용하고, 음악이 삶에 주는 의미에 대해 이해함으로써 음악을 즐기는 태도를 갖는다.	음악과 행사	음악과 행사	・참여하기 ・조사하기 ・발표하기
			음악과 놀이	음악과 건강	
			생활 속의 국악	국악과 문화유산	

✏ 미술과 내용 체계

영역	핵심 개념	일반화된 지식	내용 요소 (3~4학년)	내용 요소 (5~6학년)	기능
체험	지각	감각을 통한 인식은 자신과 환경, 세계와의 관계를 깨닫는 바탕이 된다.	자신의 감각	자신과 대상	・감각 활용하기 ・탐색하기 ・반응하기 ・발견하기 ・나타내기 ・관련짓기
			대상의 탐색		
	소통	이미지는 느낌과 생각을 전달하고 상호 작용하는 도구로서 시각 문화를 형성한다.		이미지와 의미	
	연결	미술은 타 학습 영역, 다양한 분야와 연계되어 있고, 삶의 문제 해결에 활용된다.	미술과 생활	미술과 타 교과	
표현	발상	주제를 다양한 방식으로 탐색, 상상, 구상하는 것은 표현의 토대가 된다.	다양한 주제	소재와 주제	・관찰하기 ・상상하기 ・계획하기 ・방법 익히기 ・발전시키기 ・구체화하기
			상상과 관찰	발상 방법	

영역		일반화된 지식	내용 요소		기능
표현	제작	작품 제작은 주제나 아이디어에 적합한 조형 요소와 원리, 표현 재료와 용구, 방법, 매체 등을 계획하고 표현하며 성찰하는 과정으로 이루어진다.	표현 계획		· 표현하기
			조형 요소	조형 원리	
			표현 재료와 용구	표현 방법	
				제작 발표	
감상	이해	미술 작품은 시대와 지역의 배경을 반영하고 있어 미술 작품에 대한 이해는 시대적 변천, 맥락 등을 바탕으로 작품의 특징을 파악하는 활동으로 이루어진다.	작품과 미술가	작품과 배경	· 이해하기 · 설명하기 · 비교하기 · 분석하기 · 존중하기
	비평	미술 작품의 가치 판단은 다양한 관점과 방법을 활용한 비평 활동으로 이루어진다.	작품에 대한 느낌과 생각	작품의 내용과 형식	
			감상 태도	감상 방법	

✎ 체육과 내용 체계

영역	핵심 개념	일반화된 지식	내용 요소		기능
			3~4학년	5~6학년	
건강	· 건강 관리 · 체력 증진 · 여가 선용 · 자기 관리	· 건강은 신체에 대한 이해를 바탕으로 건강한 생활 습관과 건전한 태도를 지속적이고 체계적으로 관리함으로써 유지된다. · 체력은 건강의 기초이며, 자신에게 적절한 신체 활동을 지속적으로 실천함으로써 유지, 증진된다. · 건강한 여가 활동은 긍정적인 자아 이미지를 형성하고 만족도 높은 삶을 설계하는 데 기여한다.	· 건강한 생활 습관 · 운동과 체력 · 자기 인식 · 건강한 여가 생활 · 체력 운동 방법 · 실천 의지	· 건강한 성장 발달 · 건강 체력의 증진 · 자기 수용 · 운동과 여가 생활 · 운동 체력의 증진 · 근면성	· 평가 하기 · 계획 하기 · 관리 하기 · 실천 하기

도전	• 도전 의미 • 목표 설정 • 신체·정신 수련 • 도전 정신	• 인간은 신체 활동을 매개로 자신이나 타인의 기량 및 기록, 환경적 제약을 극복하기 위해 도전한다. • 도전의 목표는 다양한 도전 상황에 대한 수행과 반성 과정을 통해 성취된다. • 도전 정신은 지속적인 수련과 반성을 통해 길러진다.	• 속도 도전의 의미 • 속도 도전 활동의 기본 기능 • 속도 도전 활동의 방법 • 끈기 • 동작 도전의 의미 • 동작 도전 활동의 기본 기능 • 동작 도전 활동의 방법 • 자신감	• 거리 도전의 의미 • 거리 도전 활동의 기본 기능 • 거리 도전 활동의 방법 • 적극성 • 표적/투기 도전의 의미 • 표적/투기 도전 활동의 기본 기능 • 표적/투기 도전 활동의 방법 • 겸손	• 시도하기 • 분석하기 • 수련하기 • 극복하기
경쟁	• 경쟁 의미 • 상황 판단 • 경쟁·협동 수행 • 대인 관계	• 인간은 다양한 유형의 게임 및 스포츠에 참여하여 경쟁 상황과 경쟁 구조를 경험한다. • 경쟁의 목표는 게임과 스포츠 상황에서 숙달된 기능과 상황에 적합한 전략의 활용을 통해 성취된다. • 대인 관계 능력은 공정한 경쟁과 협력적 상호 작용을 통해 발달된다.	• 경쟁 활동의 의미 • 경쟁 활동의 기초 기능 • 경쟁 활동의 방법과 기본 전략 • 규칙 준수 • 영역형 경쟁의 의미 • 영역형 게임의 기본 기능 • 영역형 게임의 방법과 기본 전략	• 필드형 경쟁의 의미 • 필드형 게임의 기본 기능 • 필드형 게임의 방법과 기본 전략 • 책임감 • 네트형 경쟁의 의미 • 네트형 게임의 기본 기능 • 네트형 게임의 방법과 기본 전략	• 분석하기 • 협력하기 • 의사소통하기 • 경기 수행하기

표현	• 표현 의미 • 표현 양식 • 표현 창작 • 감상· 비평	• 인간은 신체 표현으로 느낌이나 생각을 나타내며, 감성적으로 소통한다. • 신체 표현은 움직임 요소에 바탕을 둔 모방이나 창작을 통해 이루어진다. • 심미적 안목은 상상력, 심미성, 공감을 바탕으로 하는 신체 표현의 창작과 감상으로 발달된다.	• 움직임 표현의 의미 • 움직임 표현의 기본 동작 • 움직임 표현의 구성 방법 • 신체 인식 • 리듬 표현의 의미 • 리듬 표현의 기본 동작 • 리듬 표현의 구성 방법 • 민감성	• 민속 표현의 의미 • 민속 표현의 기본 동작 • 민속 표현의 구성 방법 • 개방성 • 주제 표현의 의미 • 주제 표현의 기본 동작 • 주제 표현의 구성 방법 • 독창성	• 탐구 하기 • 신체 표현 하기 • 감상 하기 • 의사 소통 하기
안전	• 신체 안전 • 안전 의식	• 인간은 위험과 사고가 없는 편안하고 온전한 삶을 살아가기 위해 안전을 추구한다. • 안전은 일상생활과 신체 활동의 위험 및 사고를 예방하고 적절히 대처함으로써 확보된다. • 안전 관리 능력은 안전 의식을 함양하고 위급 상황에 대처하는 연습을 통해 길러진다.	• 신체 활동과 안전 • 수상 활동 안전 • 위험 인지 • 운동장비와 안전 • 게임 활동 안전 • 조심성	• 응급 처치 • 빙상·설상 활동 안전 • 침착성 • 운동 시설과 안전 • 야외 활동 안전 • 상황 판단력	• 상황 파악 하기 • 의사 결정 하기 • 대처 하기 • 습관 화 하기

••• 함께 읽으면 좋은 책 •••

『1등의 습관Smarter Faster Better』, 찰스 두히그, 알프레드

『뇌를 읽다The Leading Brain』, 프레데리케 파브리티우스 외, 빈티지하우스

『라틴어 수업』, 한동일, 흐름출판

『숙제의 힘The Learning Habit』, 로버트 프레스먼 외, 다산라이프

『스스로 살아가는 힘』, 문요한, 더난출판

『신화의 힘The Power of Myth』, 조지프 캠벨 외, 21세기북스

『자존감 수업』, 윤홍균, 심플라이프

『빅터 프랭클의 죽음의 수용소에서Man's Search for Meaning』, 빅터 프랭클, 청아출판사

『학급긍정훈육법Positive Discipline in the Classroom』, 제인 넬슨 외, 에듀니티

교육부 고시 제2015-74호.[별책 5]

교육부 고시 제2015-74호.[별책 7]

교육부 고시 제2015-74호.[별책 8]

교육부 고시 제2015-74호.[별책 9]

교육부 고시 제2015-74호.[별책 11]

교육부 고시 제2015-74호.[별책 12]

교육부 고시 제2015-74호.[별책 13]

교육부 고시 제2015-74호.[별책 14]

혼자서도 공부 잘하는 아이로 키우는 최고의 방법

초등 집공부의 힘

초판 1쇄 발행 2020년 10월 26일
초판 4쇄 발행 2024년 4월 2일

지은이 이진혁
펴낸이 민혜영
펴낸곳 (주)카시오페아 출판사
주소 서울시 마포구 월드컵북로 402, 906호(상암동 KGIT센터)
전화 02-303-5580 | **팩스** 02-2179-8768
홈페이지 www.cassiopeiabook.com | **전자우편** editor@cassiopeiabook.com
출판등록 2012년 12월 27일 제2014-000277호

- 잘못된 책은 구입하신 곳에서 바꿔 드립니다.
- 책값은 뒤표지에 있습니다.